短视频入门

80招精通拍摄与剪辑
人像、旅行、风光、美食、建筑、星空

颜描

 化学工业出版社

· 北京 ·

内 容 简 介

本书从拍摄技巧、拍摄专题、后期剪辑 3 个角度，安排了 12 个专题内容，帮助读者快速成为摄影与后期高手。具体内容包括：技能提升、构图技巧、运镜技巧、人像视频、旅行视频、风光视频、美食视频、建筑视频、星空视频、剪映后期、电脑剪辑及后期实战等，希望读者可以举一反三，创作出更多优秀的短视频作品。

本书图片精美、结构清晰，讲解深入浅出，实战性强，适合短视频新手，特别是对拍摄人像、旅行、风光、美食、建筑、星空等感兴趣的短视频爱好者。读者可扫描书中二维码查看相关视频教程。根据封底的提示可获取相关视频制作素材资源。

图书在版编目（CIP）数据

短视频入门：80 招精通拍摄与剪辑人像、旅行、风光、美食、建筑、星空 / 颜描锦编著 . —北京：化学工业出版社，2021.7（2023.11重印）

ISBN 978-7-122-38881-0

Ⅰ. ①短… Ⅱ. ①颜… Ⅲ. ①视频制作 Ⅳ. ① TN948.4

中国版本图书馆 CIP 数据核字 (2021) 第 064017 号

责任编辑：李　辰　孙　炜　　　封面设计：王晓宇
责任校对：边　涛　　　装帧设计：盟诺文化

出版发行：化学工业出版社（北京市东城区青年湖南街 13 号　邮政编码 100011）
印　　装：北京虎彩文化传播有限公司
710mm × 1000mm　1/16　印张 15$\frac{1}{2}$　字数 311 千字　2023 年 11 月北京第 1 版第 2 次印刷

购书咨询：010-64518888　　售后服务：010-64518899
网　　址：http://www.cip.com.cn
凡购买本书，如有缺损质量问题，本社销售中心负责调换。

定　　价：79.00 元

推荐语

韩建睿 | 未来影像创始人

在网络如此发达的今天，读书仍然是系统学习知识的最好方法。如果你想系统地学习“短视频”，此书将是你不可或缺的智囊。

陆鑫东 | 影像极客创始人、光绘吉尼斯纪录保持者

下个时代必定是短视频爆炸的时代，每个人将要面对的不再是一个局限的圈子，而是整个世界。如果你想抓住短视频的红利，提升自己的短视频策划、拍摄和剪辑水平，本书绝对是一本秘籍！

李政霖 | 导演、8KRAW Premier 签约摄影师、世界无人机大会中国十佳航拍摄影师

这本书讲解了短视频的各种构图、运镜、题材和拍摄技巧，各种场景的经典实拍案例，以及短视频的后期处理技术，应有尽有。无论你是“小白”，还是初入短视频行业的摄影师，都能通过学习此书快速拍出优秀的短视频作品。

万摄师 |《航拍中国》摄影师、中国十佳航拍摄影师、2020 微博摄影大赛年度最佳影像奖

这是一本非常详细的短视频拍摄教程，其中的内容含金量很高，有大量的实操案例。跟随本书内容一步一步进行操作，即可拍摄并剪辑出炫酷的短视频特效，原来网络上那些好看的视频做起来这么简单，强烈推荐此书！

索以 | 旅行图书《心镜》作者、8KRAW Premier 签约摄影师、世界无人机大会中国十佳摄影师

短视频时代，我们有了表达自我的通道。一段影像，一段文字，通过工具匹配成想要表达的内容。让每个人简单、及时、高效地输出短视频，是这本书能够带给你的最大收获！

张大枪 | 知名环球旅行摄影师、索尼 / 松下合作摄影师

这是一本非常适合从事短视频工作的行业人员的工具书，从拍摄技巧到拍摄题材，再到后期案例，都有很强的可操作性和学习性，值得大家学习，相信你一定会受益匪浅。

闷闷儿（王征）| 天文摄影师、自然摄影师、格林尼治天文摄影大赛金奖获得者

随着5G时代的到来，短视频已经成为人们日常生活和工作的重要组成部分，覆盖人们生活的方方面面。这本书少空洞理论，多实战经验，内容丰富，干货满满，是一本实用、走心的好书。

Shawn Wang（王肖一）| 8KRAW 签约摄影师、《无人机摄影与摄像技巧大全》作者、全网粉丝 300 万

如今，短视频已经成为大家表达心情和记录生活的常用方式。那么，如何才能拍出好看的短视频呢？这本书通过80个非常实用的干货技巧，形象、生动地向大家阐述了短视频的拍摄和后期技巧，通过题材案例的形式进行展现要比单纯枯燥地讲解理论知识来得更有趣易懂。

摄影人的厚重与细致

这些年，因为喜欢摄影，我一路攻关，自学了许多摄影技术，器材从单反到无人机，技术从全景到堆栈，知识从蒙版到通道，创意从抠图到合成，门类从风光到星空，买了单反、镜头、无人机等二十万多元的设备，跑了 30 个国家，拍摄了上万张作品，从时间上、技术上做了十多年的储备和积累。

这些年，因为喜欢写作，我将摄影的实拍经验，写成了十多本图书，出版了《手机摄影构图大全》《摄影构图从入门到精通》《零基础玩透华为手机摄影》《手机摄影后期修图实用技巧 108 招》《慢门、延时、夜景摄影从入门到精通》《手机短视频拍摄与剪辑从入门到精通》《大片这么拍！全景摄影高手新玩法》《无人机航拍实战 128 例：飞行 + 航拍 + 后期完全攻略》等，许多图书一上市，荣登京东、当当的摄影书榜首。

这些年，因为喜欢分享，我创办了“手机摄影构图大全”公众号、头条号，写了 1000 篇以上的免费技术文章，特别是构图方法的细分，从横向与纵向角度，提炼了 300 多种构图，公众号吸引了 8 万多粉丝喜爱，头条号吸引了 18 万多粉丝关注，并获得了今日头条 8 次摄影类青云计划优质图文获奖者，还给湖南卫视的记者们培训街拍和短视频的摄影技巧。

这些年，因为追求摄影，为了让我自己以及更多摄友学到更棒的技术，我邀请了国内许多摄影大咖，写了不少在京东上曾畅销第一名的图书，如《星空摄影与后期从入门到精通》（毛亚东、墨卿编著）、《无人机摄影与摄像技巧大全》

（王肖一编著）、《花香四溢：花卉摄影技巧大全》（赵高翔 等编著）、《城市建筑风光摄影与后期》（鱼头编著）等，以及你今天看到的颜描锦老师的这两本书：《摄影入门：75 招精通拍摄人像、旅行、风光、美食、建筑、星空》《短视频入门：80 招精通拍摄与剪辑人像、旅行、风光、美食、建筑、星空》。

颜描锦老师给我的印象，可以提炼为两个关键词：一是厚重，二是细致。

先说厚重：一个人的厚重，需要用时间的深度、经历的宽度、成就的厚度来达到。颜描锦老师拥有十多年的摄影和旅游经历，他作为环球旅行者，以旅游体验师、酒店体验师的身份，足记涉及 7 大洲 62 国 528 城，作为自驾达人到过 6 大洲，里程超过 32 万公里，同时他还是北京电视台"十九大"专题"十佳优秀青年摄影师"、2016 十大最高人气旅游网红、十大原创旅游视频大 V、2017"最有态度旅行家"，以及 2018、2019"搜狐生活旅行家"，还是 ZTE 全球手机摄影大赛唯一华人评委、新浪全媒体影响力排行榜前三、全网 500 万粉丝的旅游知名博主、博文总阅读量超过 4 亿等等，只有过来人才深刻知道，每一个荣光奖项与闪亮身份的背后，是一般人无法想象的百般辛苦、万千追求，是无数苦与泪、白天和深夜的坚持和积累。

再说细致：颜描锦老师因为与上百家媒体和机构合作，又是出差满世界跑，时差倒置，比我们平常人至少要忙上十倍，总之一句话就是分身乏术，时间紧缺，但在这种情况下，他竟然做到了多次修改目录，运用碎片化时间整理了三万多张照片，来作为书中的素材，辛苦完成书稿之后，觉得图片还不满意，又一张一张根据内容，寻找和替换了 60 多张照片。他的这种严谨背后，让我深刻感受到他做事为人的强烈靠谱，不由得给他竖起大拇指，因为像他这样影响力大的名人，很多人都做不到有他这样的细心和耐心，所以就细心一项，他的厚度也远远异于常人。

写到这里，细心的读者也许发现了，我前面的"喜欢摄影 + 喜欢写作 + 喜欢分享 + 追求摄影"，无论是学技术、写文章、出版书，所做的种种事情，其实也是在修炼摄影人的一种厚重和细致，是在向颜描锦老师学习和致敬。

邀请他出版这两本书，便是我向颜描锦老师学习和致敬的一种方式，也希望通过这种方式，能够让更多喜欢摄影、喜欢旅游的人，从颜描锦老师书中丰富的人像、旅行、风光、美食、建筑、星空、航拍经验中，汲取到力量，收获到方法，学习到技术，这也正是我做这件事的意义所在。

希望我们都潇洒如颜描锦老师：也要楚天阔，也要大江流，也要忘不见前后，才能对月下酒。

最后温馨提示，要拍好人像、旅行、风光、美食、建筑、星空、航拍，构图始终是要学习的重点，我有一个网名，叫做“构图君”，在公众号“手机摄影构图大全”中，我分享过300多种构图方法，这些构图方法非常适合这些领域的拍摄，欢迎去看看。在本书的封底，有我的微信号和公众号二维码，想深入沟通和交流的摄友可以扫描关注一下。

龙飞（构图君）

湖南省摄影家协会会员

湖南省青年摄影家协会会员

湖南省作家协会会员，图书策划人

化学工业出版社、清华大学出版社等特约摄影作者

京东、千聊摄影直播讲师，湖南卫视摄影讲师

且视他人之疑目如盏盏鬼火，大胆地去走你的夜路

2021 年 1 月 20 日，是我开始写这篇前言的时间，计算机屏幕的右下方，清晰的数字赫然在瞳孔中放大，我的大脑一瞬间感到沉重。

这是一个特殊的日子吗？我想了想，不是。

我常常想把一个简单的日子赋予不简单的意义，这样很不好，总是让生活过得有些许牵强。

再仔细一想，这也算是一个特殊的日子，至少对于我而言，2020 年以来的每个日子都过得不平淡、不简单。

此时此刻，我原本以为自己会在大洋彼岸的某个角落，捕捉异国他乡的瑰丽星空，而现在我竟然伏于案前，为自己的新书写一篇唠唠叨叨的前言。

如果有人问我，过去一年最大的收获是什么？或许我还真说不出一二。这一年，因为一些不可抗力的因素，对于一个旅行家和摄影师来说，影响是很大的。迈不开步子，是最大的桎梏，所幸，我并不是一个只会怨天尤人、长吁短叹的人。

想来这一年，感慨万千，竟是半分颓丧也无。

写书，这两个字就像是一股子莫名的力量，让我的生活从单一的怪圈里慢慢充实起来。相比于过往奔波在国际航线之间，2020 年这一年，我几乎都是在国内度过的。我把自己比喻成一头老牛，恨不得一寸寸地用自己的脚步把祖国 960 万平方公里的版图一一丈量。

荒无人烟的旷野，黄沙漫天的戈壁，繁华喧嚣的都市，山清水秀的乡村……我似乎一直在路上。飞机引擎的轰鸣声划过天际，车轮碾过砂石的声音在野外被放大了数十倍，我始终执着地坚信自己选择这样一种人生的初衷。

2020 年，我用了一年的时间去明白，去看清前路，通过不断的努力让自己更加精进。看清前路有许多方法，当宏观的视野被阻挡，就试着沿着一条路走下去，我靠此得以豁然开朗。

现在，我在这里，用这本书，将这份豁然开朗传达给你们。

我始终认为，写书，不只是写有字之书，理论与方法通过简单的文字表达就可以让人理解。我最希望的是，通过我的书让你们知道生活远不止理论和方法，还有一些不可摒弃的信念。而这一次，我想告诉你们的是：且视他人之疑目如盏盏鬼火，大胆地去走有你的夜路。

不必吃惊，我将前路看作夜路。在我看来，人生大多数时候都是在黑暗里找光的。奔跑得快了，远了，便越发知道不懈地找光和在他人的疑目中前进是一件弥足珍贵的事情。就像我此刻，在西藏的高原地区因为突如其来的肺水肿，不得不暂停所有计划，全身心地投入治疗当中。而写这篇前言，就是我在找光。所以你看，我的每句感言并不是空穴来风。

在此之前，我并没有想过我会来西藏这么多次，世界浩大，人要把有限的时间和精力投入到新的开拓当中去，这是我选择做旅行家和摄影师的初衷。我想，这也是很多旅行家和摄影师从业的初衷。

但多年过去，我不得不承认，对于“开拓”二字，我或许有些过分地执拗，或许一叶障目，哪怕是多年认知也只是浮光掠影。所以，我开始寻找机会放慢脚步，去细化自己的工作，去回想走过的路。而这本书，就是我思考细化后的产物。

我一直认为，作为一个自媒体人，要带给受众的不仅仅是优质的媒体作品，也需要将自己的经验理论化、实用化，让更多渴望参与到自媒体的人有例可循，有经验可学。在这本书中，我将自己长期以来拍摄短视频的经验倾囊相授，从技巧、题材和后期 3 个方面分别细化并尽可能详细地讲解。

如我一贯的作风，将经验理论化的同时，始终将生活化的语言和方法融汇其中。在我看来，一个优质的视频背后是诸多要素的组合，不论是拍摄技巧的提升，还是不同视频题材的选择，抑或是后期制作的水平，都是不可或缺的。我相信，通过学习这本书，让一个短视频拍摄小白，成为熟手的转变并不是没有可能。

我无比庆幸，能将自己摄影生涯中所积累的经验分享给大家。我曾经看过这样一句话："人类经常把一个生涯发生的事撰写成历史，再从那里看人生；其实，那不过是衣服，人生是内在的。"对我而言，摄影就像是我的衣服，从镜头里看人生百态，再将人生百态通过镜头折射出来，其实人生和摄影，从来都不是替代包含的关系，而是相辅相成的。

在我的摄影经历中，曾见过无数的人从拿起相机到相机被搁置角落，许多人只是试图通过镜头去寻找一个宣泄口，寻找人生的另一种可能。

我曾说，摄影是一门人人都能学的艺术，我们都是一抬脚就跨进了摄影的门槛。但本书前的你们也应该知道,许多选择并不是靠单腿独行。如我开篇所说，且视他人之疑目如盏盏鬼火，大胆地去走你的夜路。因为每一条路，都是充满质疑的，迷茫与黑暗是常态，找光才是选择。

在短视频火爆的今天，我希望这本短视频教程能让你们的摄影生活多一些属于自己的光亮，更希望你们能够坚定自己的选择，知道人生的开拓不只是云游，也可以使走过的路更深刻。

颜描锦

目　录

第 1 章

技能提升：掌握拍摄工具轻松拍出大片

实例 01

拍摄工具，选什么样的设备好

【要点解析】

短视频的主要拍摄设备包括手机、单反相机、运动相机和稳定器等，用户可以根据自己的资金状况来选择。用户首先需要对自己的拍摄需求做一个定位，到底是用来进行艺术创作，还是纯粹用来记录生活。对于后者，笔者建议选购一般的单反相机或者好点的拍照手机即可。只要用户掌握了正确的技巧和拍摄思路，即使用便宜的拍摄器材，也可以创作出优秀的短视频作品。

【拍摄工具简介】

1. 智能手机

对于那些对短视频品质要求不高的用户来说，普通的智能手机即可满足他们的拍摄需求，这也是目前大部分用户最常用的拍摄设备。在选择拍短视频的手机时，主要关注手机的视频分辨率规格、视频拍摄帧速率、防抖性能、对焦能力及存储空间等因素，尽量选择一款拍摄画质稳定、流畅，并且可以方便地进行后期制作的智能手机，如华为、荣耀、苹果、OPPO、vivo、小米及努比亚等品牌的手机都是不错的选择。

例如，华为的 P 系列手机具有极强的影像拍摄能力，无论是拍照还是拍短视频，都能获得很好的画质。以华为 P40 Pro 为例，其后置相机采用了超感知徕卡四摄系统，包括 5000 万像素的超感知摄像头、4000 万像素的电影镜头、1200 万像素的超感光潜望式长焦镜头和 3D 深感摄像头，同时还具有专业级的视频防抖性能和“4K 延时摄影”模式，能够帮助用户轻松拍出细腻流畅的视频画面效果，如图 1-1 所示。

▲图 1-1　华为 P40 Pro 智能手机

再例如，iPhone 12 Pro 采用了 Pro 级摄像头系统，将镜头防抖改进为传感器防抖，因此即使拍摄时用户的手不稳，拍出的画面也照样稳定，如图 1–2 所示。

▲ 图 1–2　iPhone 12 Pro 智能手机

2. 单反相机

对于单反相机来说，价格跨度比较大，从几千元到几万元都有，通常价格越高整体性能也会越好，但具体选择哪一款还需要用户根据自己的预算来决定。

笔者建议，如果预算足够，那么全画幅单反相机是拍短视频的最佳选择。在同样的焦距下拍摄短视频时，全画幅要比残幅更能充分发挥出镜头的优势。图 1–3 所示为全画幅和 APS 画幅的单反相机在相同位置和焦距下的拍摄效果对比。

▲ 图 1–3　全画幅和 APS 画幅的单反相机在相同位置和焦距下的拍摄效果对比

同时，对于单反相机来说，镜头是一个相当重要的设备，可以说是单反相机的“眼睛”。单反相机比手机拍摄短视频的最大优势在于，它能够更换各种镜头，从而更好地控制画面的景别和虚实等。

在选择单反相机时还要综合考虑视频格式、视频码流、感光元件、镜头光学素质、存储和续航等因素，从而找到一款适合自己使用的高性价比相机。

3. 运动相机

对于短视频爱好者来说，运动相机如今已是拍短视频的“标配”设备了，非常适合拍摄户外旅行和娱乐生活等类型的短视频。在选择运动相机时，可以参考它的配置、功能及价格等维度来选购。

在配置方面，首先看视频分辨率及帧数，如 720P、1080P 和 4K 等，需要能够提供多种视频拍摄组合；然后是电池续航和充电，如大容量电池和快充功能是必备的，这样能够帮助用户实现长时间拍摄；最后看运动相机是否拥有丰富的额外配件，如手持稳定器、三脚架及移动电源等，能够起到防抖作用和提升续航能力。

在功能方面，运动相机通常需要具备多视频拍摄模式、防抖（电子防抖或光学防抖）、防水、防尘、防撞及降噪等功能。例如，GoPro HERO9 Black 5K 运动相机不仅拥有丰富的配件，而且还拥有增强防抖 3.0 系统、10 米防水、23.6MP 传感器和“5K 超高清 +2000 万像素”的拍摄功能，能够拍出非常清晰的画质效果，如图 1–4 所示。

▲ 图 1–4　GoPro HERO9 Black 5K 运动相机

☆专家提醒☆

如果拍摄者需要将运动相机挂在衣服、头盔或者摩托车的车把上，还需要注意机身的重量，尽量选择一款较为轻便的运动相机。尤其是在拍摄滑雪、跳伞、滑板、登山、冲浪及骑行等极限运动时，用户还需要考虑运动相机是否支持多样化的安装方式，从而获得更大的取景视角。

【实拍案例】

下面是笔者使用 vivo X50 Pro+ 手机拍摄的一些视频片段，即便在复杂的城市光线环境下，也能拍出夜晚的灯火阑珊效果，如图 1–5 所示。

▲ 图 1–5 灯火阑珊的夜晚

在户外的暗光环境下，vivo X50 Pro+ 手机也可以轻松捕捉光绘、星空和月亮等画面，获得令人惊艳的画面效果，如图 1–6 所示。

▲ 图 1–6 令人惊艳的星空

实例 02

如何拍出稳定清晰的视频画面

【要点解析】

拍摄器材是否稳定，能够在很大程度上决定视频画面的清晰度，如果手机或相机在拍摄时不够稳定，就会导致拍摄出来的视频画面也跟着摇晃，从而使画面变得十分模糊。如果手机或相机被固定好，那么在视频的拍摄过程中就会十分平稳，拍摄出来的视频画面效果也会非常清晰。

【操作技巧】

大部分情况下，在拍摄短视频时，都是用手持的方式来保持拍摄器材的稳定。下面介绍一些拍视频的稳定持机方式和技巧，如图 1-7 所示。

❶ 手机：用双手夹住手机，从而保持稳定，获得清晰的画面效果

❷ 相机：右手牢牢握住相机右侧的手柄，左手托住镜头底部，眼睛与取景器平行，通过双手加上眼睛来保持相机的稳定

▲ 图 1-7　拍视频的持机方式操作技巧

☆专家提醒☆

千万不要只用两根手指夹住手机，尤其是在一些高的建筑、山区、湖面及河流等地方拍视频，这样做手机非常容易掉下去。如果一定要单手持机，最好用手紧紧握住手机；如果是两只手持机，则可以使用“夹住”的方式，这样更加稳固。

另外，用户可以将手肘放在一个稳定的平台上，减轻手部的压力，或者使用三脚架、八爪鱼及手持稳定器等设备来固定手机，并配合无线快门来拍摄视频。

三脚架主要用来在拍摄短视频时更好地稳固手机或相机，为创作清晰的短视频作品提供一个稳定的平台，如图 1-8 所示。购买三脚架时要注意，它主要起到一个稳定拍摄器材的作用，所以三脚架需要结实。但是，由于其经常需要被携带，所以又需要拥有轻便快捷和随身携带的特点。

▲ 图 1-8　三脚架

三脚架的优点一是稳定，二是能伸缩。但三脚架也有缺点，就是摆放时需要相对比较平的地面。而八爪鱼刚好能弥补三脚架的缺点，因为它不仅能“爬杆”“上树”，还能“倒挂金钩”，可以获得更多相对灵活的取景角度，如图 1-9 所示。

▲ 图 1-9　八爪鱼支架

手持稳定器的主要功能是稳定拍摄设备，防止画面抖动造成的模糊，适合拍摄户外风景或者人物动作类短视频。图 1-10 所示分别为智云的 WEEBILL S 和云鹤 2S 相机稳定器，拥有专业的“蜂巢稳控”算法，能够快速响应运动变化，轻松捕捉动感镜头。

▲ 图 1-10 智云的 WEEBILL S 和云鹤 2S 相机稳定器

【实拍案例】

图 1-11 所示为使用手机的“延时摄影”模式拍摄的日落延时视频，使用三脚架作为支撑设备，保持手机的绝对稳定，避免画面的抖动。

▲ 图 1-11　日落延时视频

实例 03

用好手机自带的视频拍摄功能

【要点解析】

随着手机功能的不断升级，几乎所有的智能手机都拥有视频拍摄功能，但不同品牌或型号的手机，视频拍摄功能也会有所差别。下面主要以华为手机为例，介绍手机相机的视频拍摄功能设置技巧。

【操作技巧】

在华为手机上打开手机相机后，点击“录像”按钮，即可切换至视频拍摄界面，如图 1-12 所示。

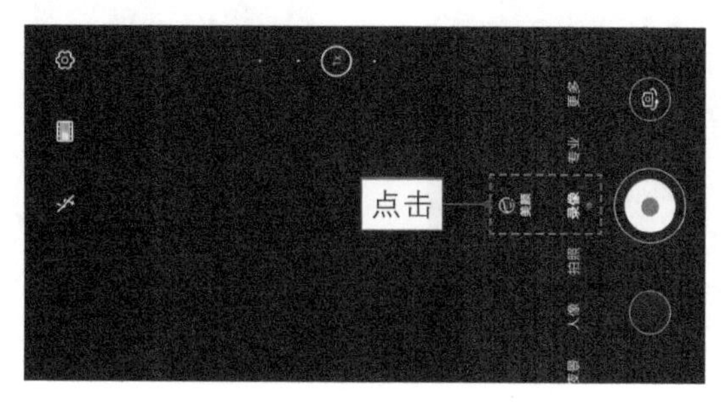

▲ 图 1-12　华为手机的视频拍摄界面

点击图标，可以设置闪光灯，如图 1–13 所示。点击图标开启闪光灯功能后，在弱光情况下可以给视频画面进行适当补光。在视频拍摄界面点击按钮，可以选择镜头滤镜，改变画面的色彩色调，如图 1–14 所示。

▲ 图 1–13　设置手机闪光灯

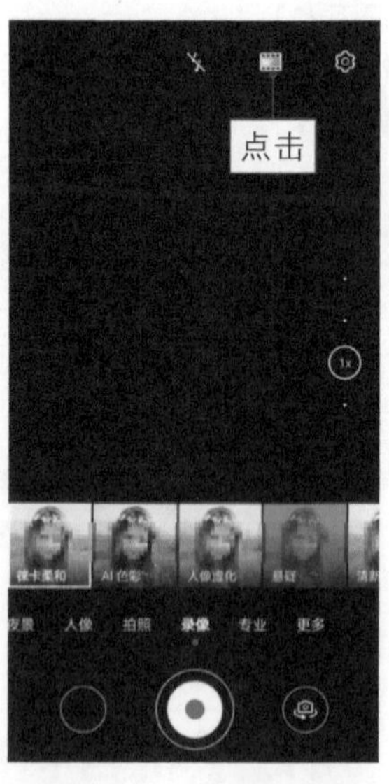

▲ 图 1–14　选择镜头滤镜

点击图标，进入“设置”界面，在“通用”选项组中开启“参考线”功能，即可打开九宫格辅助线，帮助用户更好地进行构图取景，如图 1–15 所示。

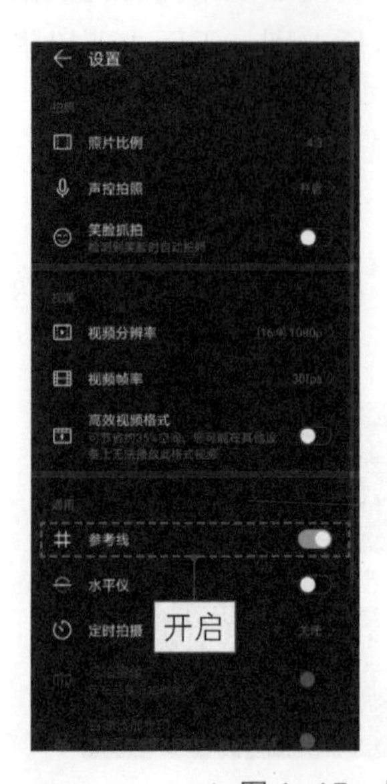

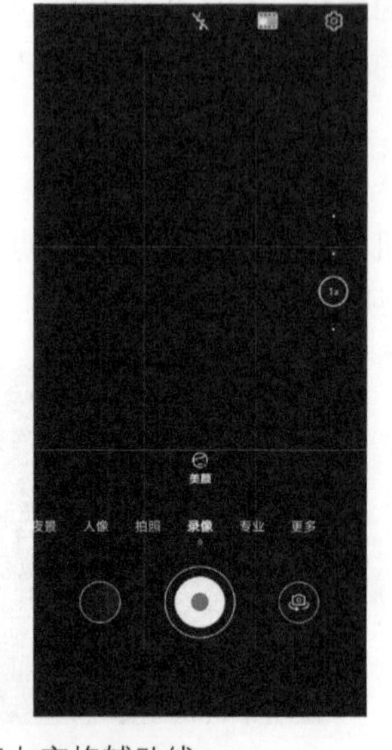

▲ 图 1–15　打开九宫格辅助线

【实拍案例】

图 1–16 所示为使用华为 P40 Pro 手机拍摄的城市风光短视频，其后置主摄像头为 5000 万像素的镜头，而且拥有 OIS 光学防抖功能，防抖实力非常强劲。

▲ 图 1–16　城市风光短视频

实例 04

设置手机视频的分辨率和帧率

【要点解析】

在拍摄短视频之前，用户需要选择正确的视频分辨率和视频帧率，通常建议将分辨率设置为 1080P（FHD）、18：9（FHD+）或者 4K（UHD）。

·1080P 又可以称为 FHD（即 FULL HD），是 Full High Definition 的缩写，即全高清模式，一般能达到 1920×1080 的分辨率。

·18：9（FHD+）是一种略高于 2K 的分辨率，也就是加强版的 1080P。

·UHD（Ultra High Definition 的缩写）是一种超高清模式，即通常所指的 4K，其分辨率 4 倍于全高清（FHD）模式。

【操作技巧】

以华为手机（型号为华为 P30）为例，点击“录像”界面中的⚙图标，进入“设置”界面，在“视频”选项区中选择“视频分辨率”选项进入其界面，在其中即可选择相应的分辨率，如图 1–17 所示。

另外，在“设置”界面的“视频”选项组中选择“视频帧率”选项，即可在打开的下拉列表框中设置视频帧率，如图 1–18 所示。

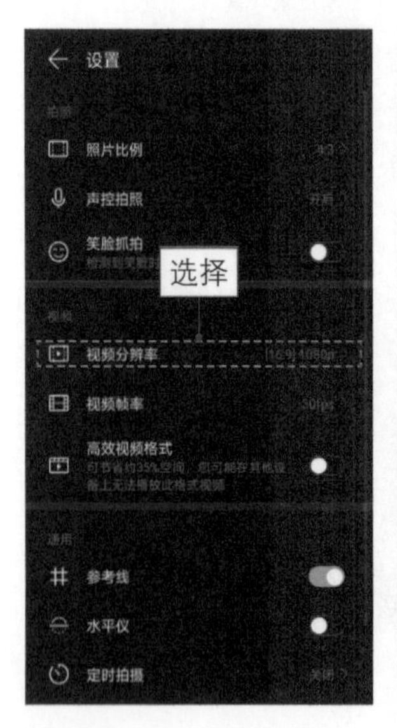

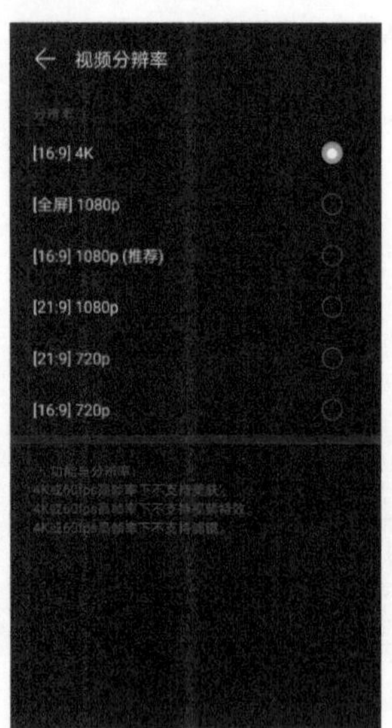

▲ 图 1–17　设置视频分辨率

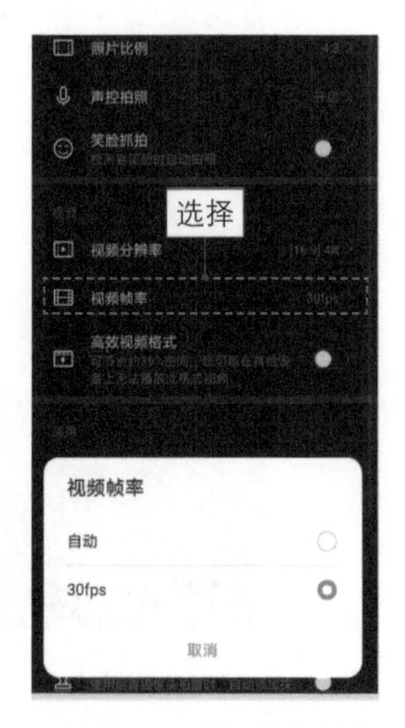

▲ 图 1–18　设置视频帧率

☆专家提醒☆

抖音短视频的默认竖屏分辨率为 1080×1920、横屏分辨率为 1920×1080。用户在抖音上传拍好的短视频时，系统会对其进行压缩，因此建议用户先对视频进行修复处理，避免上传后产生画面模糊的现象。

另外，苹果手机的视频分辨率设置也比较简单，❶ 在手机的“设置”界面中选择“相机”选项；❷ 选择“录制视频”选项，即可看到手机的默认分辨率；

进入“录制视频”界面，❸ 用户可以根据需求选择合适的视频分辨率，如图 1-19 所示。

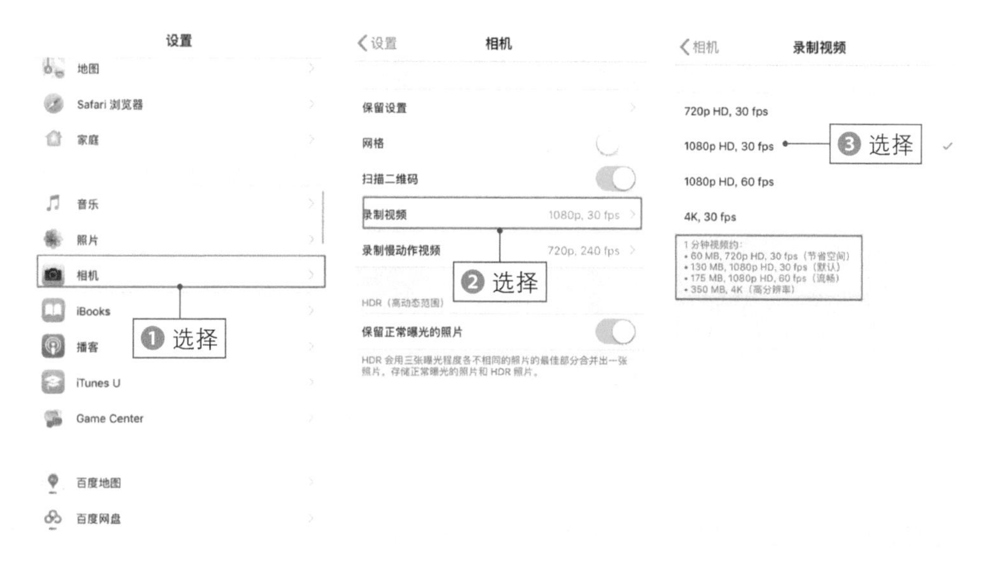

▲ 图 1-19　设置苹果手机的视频分辨率

【实拍案例】

图 1-20 所示为使用荣耀 30 Pro+ 手机在高空航拍的短视频画面效果，这款手机采用了“4000 万像素的主摄像头 +1600 万的超广角镜头 +50 倍的潜望式手持超稳长焦镜头 +TOF 深感镜头”的四摄系统，而且前后摄像头都支持 4K 视频拍摄，即使是高空航拍也能轻松应对。

▲ 图 1-20

▲ 图 1-20　航拍短视频

实例 05

设置手机对焦点拍出清晰的画面

【要点解析】

对焦是指通过手机或相机内部的对焦机构来调整物距和相距的位置，从而使拍摄对象清晰成像的过程。在拍摄短视频时，对焦是一项非常重要的操作，是影响画面清晰度的关键因素。尤其是在拍摄运动状态的主体时，如果对焦不准画面就会模糊。

【操作技巧】

要想实现精准对焦，首先要确保手机镜头的洁净。手机不同于相机，镜头通常都是裸露在外面的，如图 1-21 所示，因此一旦沾染灰尘或污垢等杂物，就会对视野造成遮挡，同时还会使进光量降低，从而导致无法精准对焦，所拍摄的视频画面也会虚化。

▲ 图 1-21　裸露在外面的手机镜头

因此，要保持手机镜头的清洁，用户可以使用专业的清理工具或者十分柔软的布，将手机镜头上的灰尘清理干净。

手机通常都是自动进行对焦的，但

在检测到主体时，会有一个非常短暂的合焦过程，此时画面会轻微模糊或者抖动一下。因此，用户可以等待手机完成合焦并清晰对焦后，再按下快门拍摄视频，如图 1-22 所示。

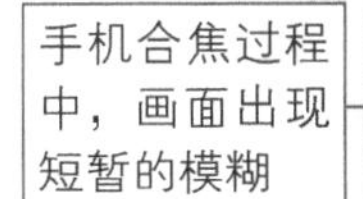

▲ 图 1-22　手机完成对焦后再按快门

大部分手机会自动将焦点放在画面的中心位置或者人脸等物体上，用户在拍摄视频时也可以通过点击屏幕的方式来改变对焦点的位置，如图 1-23 所示。

▲ 图 1-23　以人脸作为对焦点

在手机取景屏幕上用手指点击想要对焦的地方，所点击的地方就会变得更加清晰，而越远的地方则虚化效果越明显，如图 1-24 所示。

▲ 图 1–24　点击屏幕选择对焦点

在对焦框的边上还可以看到一个太阳图标，拖曳该图标能够精准控制画面的曝光范围，如图 1–25 所示。

▲ 图 1–25　调整曝光范围

☆专家提醒☆

很多手机还带有“自动曝光/自动对焦锁定”功能，可以在拍摄视频时锁定对焦，让主体始终保持清晰。例如，苹果手机在拍摄模式下，只需长按屏幕2秒，即可开启“自动曝光/自动对焦锁定”功能。

【实拍案例】

图 1–26 所示为使用荣耀 30 Pro+ 手机拍摄的旅行短视频，该手机的自动对焦能力非常强大，不管是天空中飞行的飞机，还是地面上行驶的火车，都能清晰成像。

▲ 图 1–26　清晰成像的短视频

☆专家提醒☆

手机的自动对焦通常是根据画面的反差来实现的，具体包括明暗反差、颜色反差、质感反差、疏密反差及形状反差等。因此，如果画面反差比较小的话，则自动对焦可能会失效。所以，用户在对焦时，可以选择反差较大的位置去对焦，如图 1-27 所示。

▲ 图 1-27　主体与背景反差较大的视频画面

实例 06

用好手机的变焦功能拍摄远处

【要点解析】

变焦是指在拍摄视频时将画面拉近，从而拍到远处的景物。另外，通过变焦功能拉近画面，还可以减少画面的透视畸变，获得更强的空间压缩感。不过，变焦也有弊端，会损失画质，影响画面的清晰度。

例如，华为 P40 Pro+ 有 10 倍光学变焦、20 倍混合变焦及 100 倍双目数字变焦功能，如图 1–28 所示。再例如，小米 10 至尊纪念版拥有 120 倍超远变焦，涵盖等效 12mm 广角～ 120mm 长焦焦段，由远及近实现全场景覆盖，如图 1–29 所示。

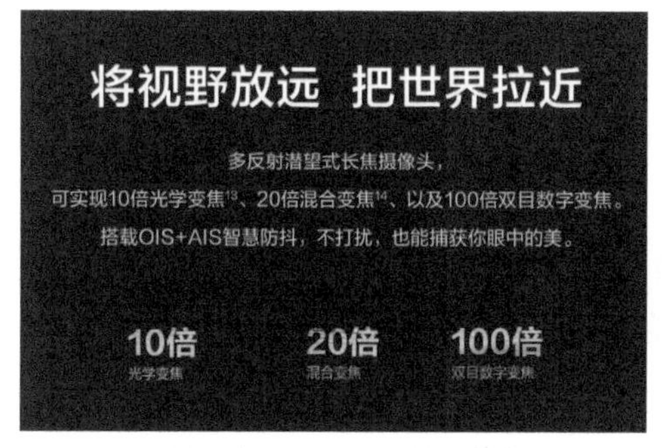

▲ 图 1–28 华为 P40 Pro+ 的变焦功能介绍

▲ 图 1–29 小米 10 至尊纪念版的变焦功能介绍

【操作技巧】

以华为手机为例，在视频拍摄界面中，在右侧可以看到一个变焦控制条，向上拖曳变焦图标 ◎，即可调整焦距放大画面，同时画面中央会显示目前所设置的变焦参数，如图 1–30 所示。

如果用户使用的是比较老的手机，可能视频拍摄界面中没有这些功能按钮，此时也可以通过双指捏合屏幕进行变焦调整，如图 1–31 所示。

▲ 图 1–30 调整焦距放大画面

▲ 图 1-31　双指捏合屏幕调整变焦

☆专家提醒☆

用户可以通过在手机上加装变焦镜头，在保持原拍摄距离的同时，仅通过变动焦距来改变拍摄范围，对于画面构图非常有用。变焦镜头可以在一定范围内改变焦距比例，从而得到不同宽窄的视角，使手机拍摄远景和近景都毫无压力。

另外，用户还可以通过后期视频软件裁剪画面，裁掉多余的背景，同样能实现拉近画面来突出主体的效果。下面以剪映 App 为例，介绍裁剪画面的具体操作方法。

步骤 01 在剪映 App 中导入视频素材，如图 1-32 所示。

步骤 02 在预览窗口中用双指捏合屏幕，即可放大或缩小画面，如图 1-33 所示。

▲ 图 1-32　导入视频素材

▲ 图 1-33　放大画面

扫码看教程

扫码看效果

步骤 03 点击“剪辑”界面中的“编辑”按钮，如图 1–34 所示。

步骤 04 在“编辑”界面中点击“裁剪”按钮，如图 1–35 所示。

▲ 图 1–34　点击“编辑”按钮

▲ 图 1–35　点击“裁剪”按钮

步骤 05 进入“裁剪”编辑界面，默认为“自由”裁剪模式，如图 1–36 所示。

步骤 06 拖曳裁剪控制框，即可裁剪视频画面，如图 1–37 所示。

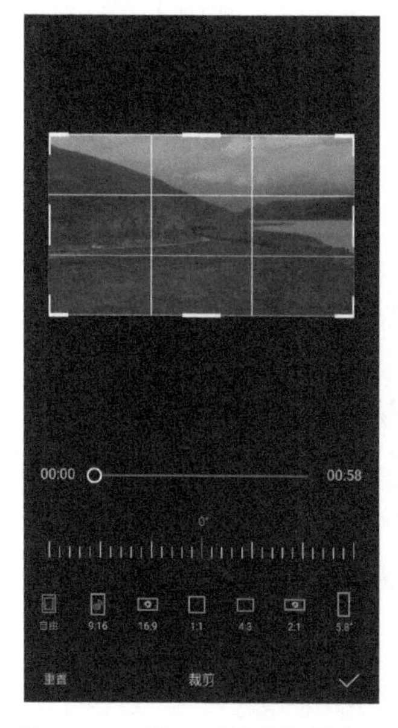

▲ 图 1–36　进入“裁剪”编辑界面

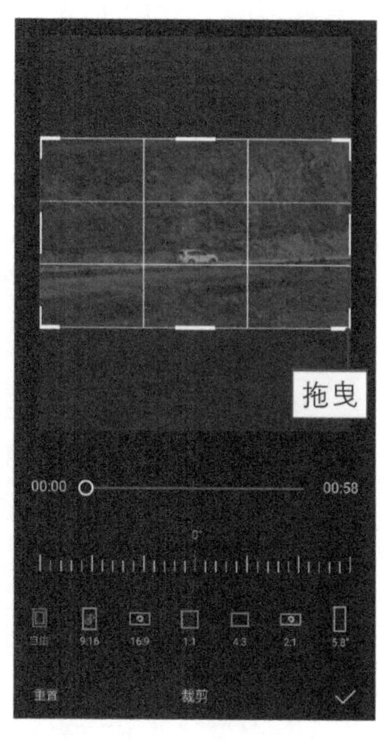

▲ 图 1–37　裁剪视频画面

步骤 07 拖曳视频，调整画面的构图，如图 1-38 所示。

步骤 08 点击✓按钮，即可应用裁剪操作，如图 1-39 所示。

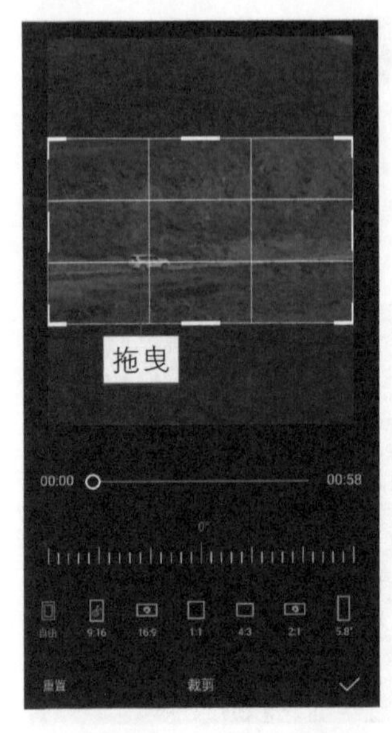

▲ 图 1-38　调整画面构图

▲ 图 1-39　应用裁剪操作

除了捏合屏幕和裁剪画面实现变焦功能，有些手机还可以通过上下音量键来控制焦距。以华为手机为例，进入“设置”界面，❶ 选择“音量键功能”选项；❷ 在“音量键功能”界面中选中“缩放”单选按钮即可，如图 1-40 所示。

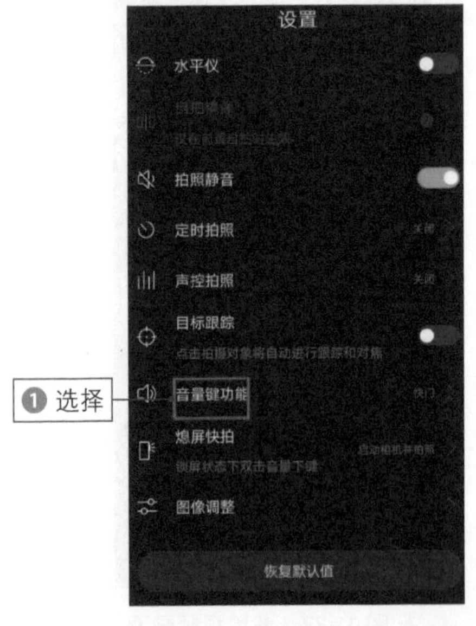

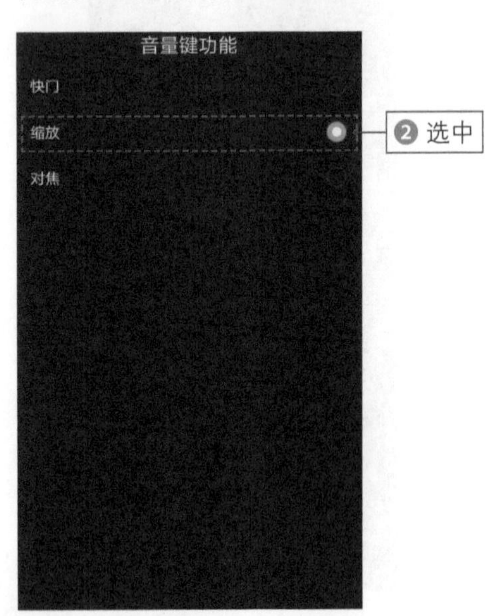

▲ 图 1-40　设置“音量键功能”为“缩放”

设置完成后，返回视频拍摄界面，即可按手机侧面的上下音量键来控制画面的变焦参数，如图 1–41 所示。

按【上音量】键，可增加焦距；按【下音量】键，可缩小焦距

▲ 图 1–41　通过音量键实现变焦

【实拍案例】

图 1–42 所示为使用中兴 Axon20 手机拍摄的热气球短视频，通过手机的变焦功能拉近画面，可以清晰地看到远处的热气球逐渐升空的画面。

▲ 图 1–42　热气球短视频

实例 07 使用手机的多种视频拍摄模式

【要点解析】

很多手机除了普通的视频拍摄功能，还拥有一些特殊的拍摄模式。以华为 P30 手机为例，如“慢动作”“趣 AR”“延时摄影”“双景录像”“动态照片”“水下相机”等，可以帮助用户拍出不一样的视频效果，如图 1-43 所示。

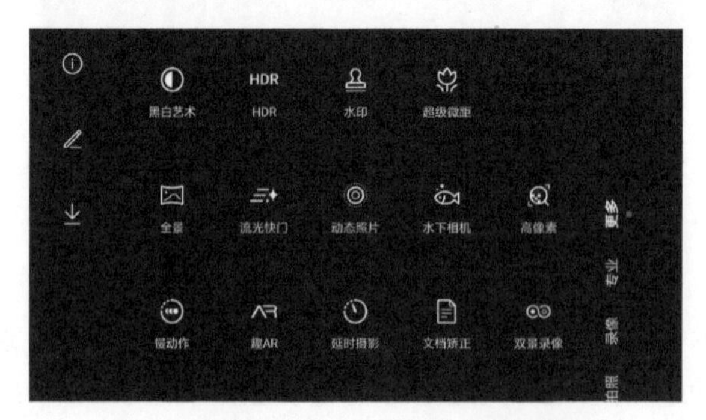

▲ 图 1-43　手机的多种视频拍摄模式

在“更多”界面中，点击ⓘ图标进入“详情”界面，即可看到相关拍摄模式的功能说明，如图 1-44 所示。

▲ 图 1-44　拍摄模式的功能说明

【操作技巧】

1. 慢动作

“慢动作”视频的拍摄方法与普通视频一样，但播放速度会被放慢，呈现出一种时间停止的画面效果。在“更多”界面中选择“慢动作”模式，进入其拍摄界面，可以看到功能提示，如图 1–45 所示。在“慢动作”拍摄界面中，点击下方的倍数参数，默认为 32X，如图 1–46 所示。

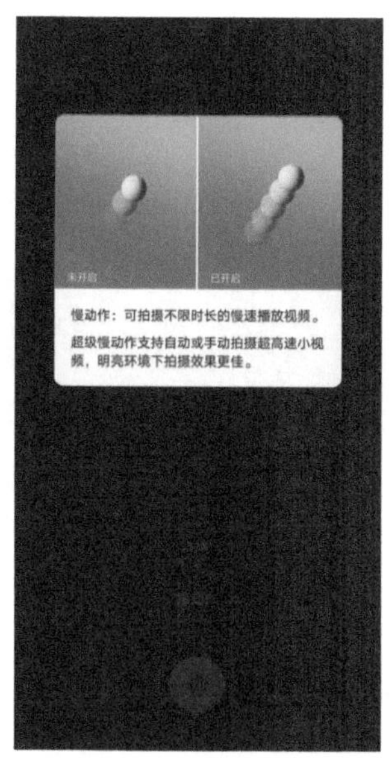

▲ 图 1–45 功能提示

▲ 图 1–46 点击倍数参数

执行操作后，在“慢动作”模式控制条中拖曳滑块，选择相应的倍数参数和帧数模式，其中 960 帧 / 秒是超级慢动作模式，如图 1–47 所示。

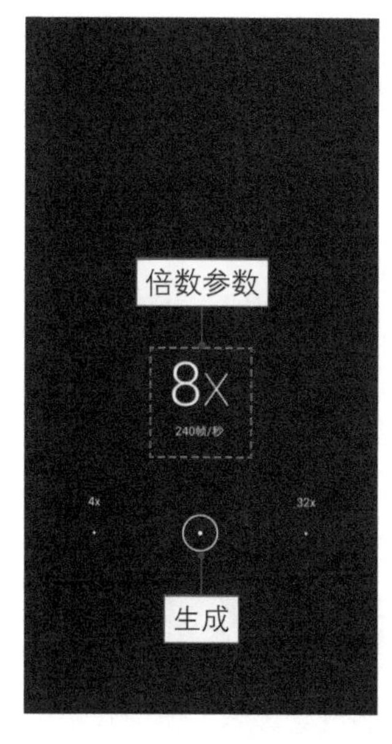

▲ 图 1–47 设置倍数参数和帧数模式

点击图标，可以开启运动侦测功能，开启后图标显示为，如图 1-48 所示。使用运动侦测功能可以在拍摄视频时自动检测取景框中的运动物体，非常适合拍摄飞驰的汽车、泡沫破裂或者水珠飞溅等高速运动的短视频场景。

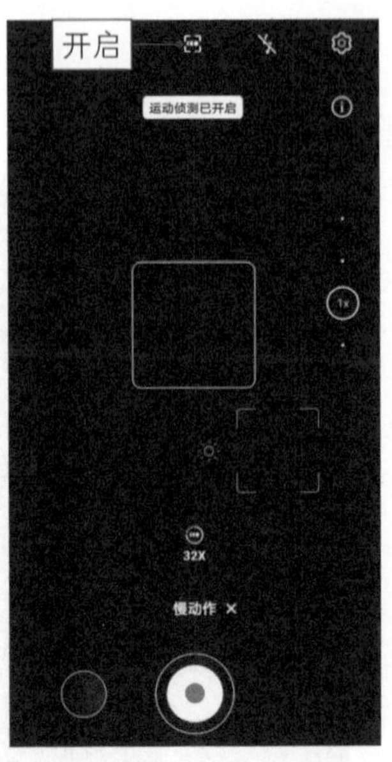

▲ 图 1-48　开启运动侦测功能

2. 趣 AR

“趣 AR”是一种结合 AR（Augmented Reality，增强现实）技术打造的趣味拍摄功能，可以在画面中添加一些虚拟的场景或形象，让短视频变得更加有趣。

在“更多”界面中选择“趣 AR”模式，进入其拍摄界面，主要包括 3D Qmoji 和“手势特效”两个功能。在 3D Qmoji 菜单中，用户可以点击相应的萌趣表情包，即可出现在视频画面中，如图 1-49 所示。点击右上角的 GIF 图标，然后长按快门即可录制动态表情包。

▲ 图 1-49　3D Qmoji 拍摄模式

切换到“手势特效”选项卡，根据屏幕提示做出相应的手势动作，屏幕中即可出现对应的视频特效，非常适合拍摄各种手势卡点舞类型的短视频，如图 1-50 所示。

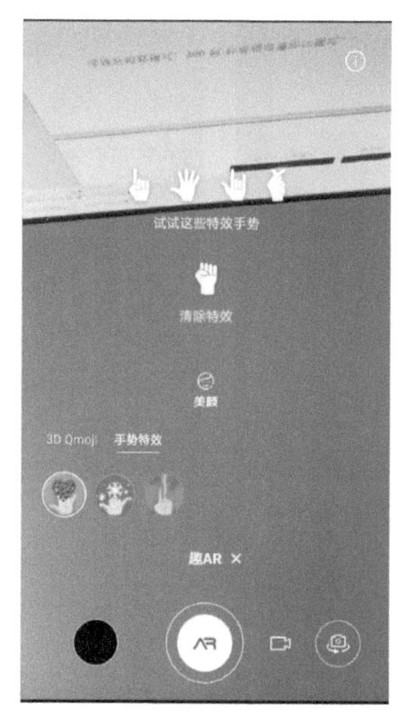

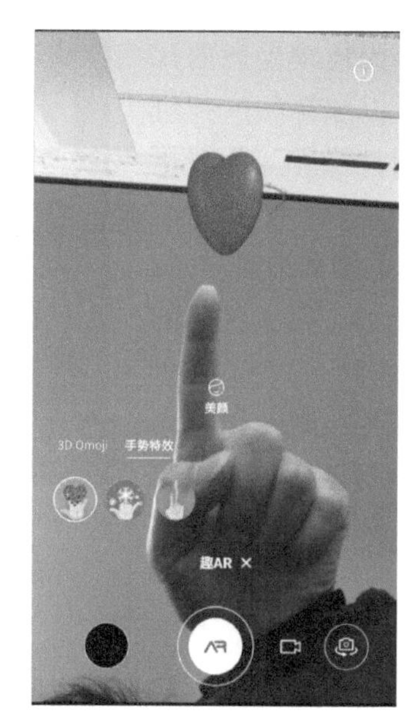

▲ 图 1-50 “手势特效”拍摄模式

3. 双景录像

“双景录像”模式主要通过广角镜头和长焦镜头来实现，广角镜头用于拍摄全景画面，长焦镜头用于拍摄特写画面。

在“更多”界面中选择“双景录像”模式，进入其拍摄界面，即可同时拍摄特写和全景，而不错过画面中的每个角度，如图 1-51 所示。在使用“双景录像”模式拍摄视频时，同样能够使用变焦功能将远处的景物拉近拍摄。

▲ 图 1-51 “双景录像”模式

4. 动态照片

“动态照片”模式可以让拍摄的照片动起来，能够将照片保存为连续动态的片段，同时可以像视频一样进行动画的回放操作。在“更多”界面中选择“动态照片”模式，即可进入其拍摄界面，如图 1-52 所示。需要注意的是，“动态照片”保存的效果为普通的图片格式（扩展名为 .jpg），容量通常也比视频文件要稍小一些。

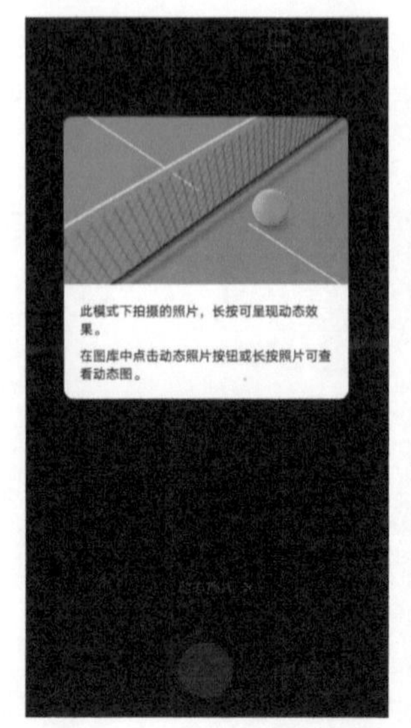

▲ 图 1-52 “动态照片”模式

5. 水下相机

“水下相机”模式可以让手机拍摄精彩的水下世界，适合拍摄泳池、海滩及浅水湾等场景。在“更多”界面中选择“水下相机”模式，即可进入其拍摄界面，点击“录像”按钮，如图 1-53 所示。执行操作后，即可切换为视频拍摄模式，长按快门即可录制短视频，如图 1-54 所示。

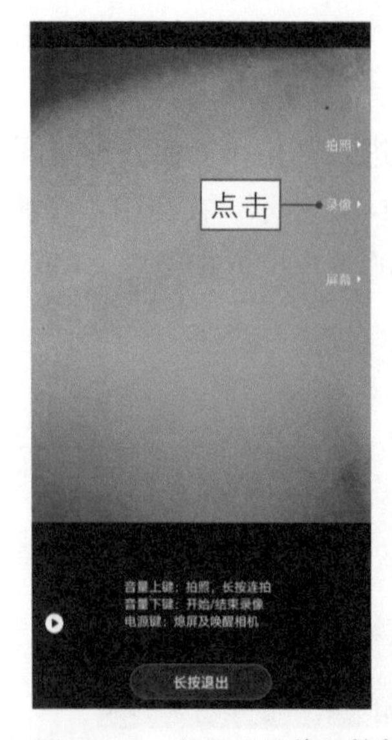

▲ 图 1-53 点击“录像”按钮

▲ 图 1-54 录制短视频

【实拍案例】

图 1–55 所示为使用荣耀 30 Pro+ 手机的“慢动作”模式拍摄的流水短视频，能够让快速流动的溪水在视频中慢下来，给观众带来强烈的视觉冲击感。

▲ 图 1–55　流水短视频

第 2 章

构图技巧：让短视频画面更具美感

实例 08 横构图和竖构图应该如何选择

【要点解析】

画幅是影响短视频构图取景的关键因素，用户在构图前要先确定好短视频的画幅。画幅是指短视频的取景画框样式，通常包括横画幅、竖画幅和方画幅 3 种，也可以称为横构图、竖构图和正方形构图。

【操作技巧】

1. 横构图

横构图就是将手机或相机水平持握进行拍摄，然后通过取景器横向取景，如图 2-1 所示。因为人眼的水平视角比垂直视角更大一些，因此横画幅在大多数情况下会给观众一种自然舒适的视觉感受，同时可以让视频画面的还原度更高。

▲ 图 2-1　使用三脚架固定手机（上图）或手持手机（下图）横向取景拍摄

2. 竖构图

竖构图是指将手机或相机垂直持握进行拍摄，拍出来的视频画面拥有更强的立体感，比较适合拍摄具有高大形象、线条感及前后对比等特点的短视频题材，如图 2-2 所示。

▲ 图 2–2　竖构图取景拍摄

在拍摄抖音和快手等短视频时，默认采用竖构图方式，画幅比例为 9∶16，如图 2-3 所示。

▲ 图 2–3　抖音（左图）和快手（右图）的视频拍摄界面

3. 正方形构图

正方形构图的画幅比例为 1 : 1，要想拍出正方形构图的短视频画面，通常需要借助一些专业的短视频拍摄软件，如美颜相机、小影、VUE Vlog、轻颜相机及无他相机等 App。

以美颜相机 App 为例，进入"视频"拍摄界面，❶点击画幅比例图标 3:4；❷选择 1 : 1 尺寸即可，如图 2–4 所示。

▲ 图 2–4　设置为正方形构图的画幅

另外，用户也可以在前期拍摄成横构图或者竖构图，然后通过后期剪辑软件将其裁剪为正方形构图。下面以剪映 App 为例介绍具体的操作方法。

步骤 01 在剪映 App 中导入视频素材，可以看到原视频为横构图形式，点击"比例"按钮，如图 2–5 所示。

步骤 02 在"比例"菜单中选择 1:1 选项，即可调整为正方形构图形式，如图 2–6 所示。

扫码看教程

扫码看效果

▲ 图 2–5　点击"比例"按钮

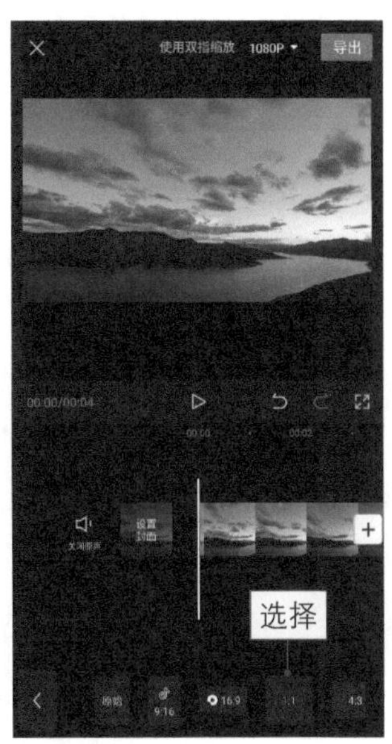

▲ 图 2–6　选择 1 : 1 选项

步骤 03 在预览窗口中用双指捏合屏幕，放大画面至全屏显示，如图 2-7 所示。

步骤 04 播放并预览视频，可以看到横构图形式的视频变成了正方形构图，画面效果如图 2-8 所示。

▲ 图 2-7　放大画面

▲ 图 2-8　预览视频

☆专家提醒☆

正方形构图能够缩小视频画面的观看空间，这样观众无须移动视线即可观看全部画面，从而更容易抓住视频中的主体对象。

【实拍案例】

图 2-9 所示为横构图拍摄的海边日落视频画面，能够表现出安静、宽广、平衡、宏大的感觉，适合展现环境和空间。

▲ 图 2-9　横构图拍摄的视频画面

实例 09

用前景构图突出画面的点睛之笔

【要点解析】

所谓前景，最简单的解释就是位于视频拍摄主体与镜头之间的事物。前景构图是指利用恰当的前景元素来构图取景，可以使视频画面具有更强烈的纵深感和层次感，同时也能极大地丰富视频画面的内容，使视频更加鲜活饱满。因此，在进行视频拍摄时，可以将身边能够充当前景的事物拍摄到视频画面中来。

【操作技巧】

前景构图有两种操作思路，一种是将前景作为陪体，将主体放在中景或背景位置上，用前景来引导视线，使观众的视线聚焦到主体上，如图 2–10 所示。

▲ 图 2–10　将前景作为陪体

另一种则是直接将前景作为主体，通过背景环境来烘托主体，如图 2–11 所示。

▲ 图 2–11　将前景作为主体

在构图时，为视频画面增加前景元素，主要是为了让画面更有美感。在拍摄短视频时，可以作为前景的元素有很多，如花草、树木、水中的倒影、道路、栏杆及各种装饰道具等，不同的前景具有不同的作用，如图 2-12 所示。

❶ 将围栏作为前景（作用：引导视线）

❷ 将水面作为前景（作用：增添气氛）

❸ 将草地作为前景（作用：交代环境）

❹ 将树枝作为前景（作用：虚实对比）

❺ 将门框作为前景（作用：形成框架）

❻ 将屋檐作为前景（作用：丰富画面）

▲ 图 2-12　不同的前景元素

【实拍案例】

图 2-13 所示为使用前景构图航拍的视频，选取飞机的机翼和动力装置作为前景，提高了画面的整体视觉冲击力。

前景：飞机上的动力装置
作用：不仅交代了拍摄环境是在飞机上，同时也增强了画面的空间感

前景：飞机机翼
作用：形成引导视线的作用，将观众视觉焦点都集中在蓝天上

▲ 图 2–13　前景构图航拍的视频画面

图 2–14 所示为使用前景构图拍摄的花海短视频，选取大片的花丛和人物作为前景，不仅丰富了画面内容，烘托了画面的气氛，而且还提升了视频的整体质感。

前景：大片的黄色花海
作用：与蓝天形成冷暖对比，同时拉伸了整个画面的纵向空间

前景：人物背影
作用：让画面形成了多层空间递进的关系，增加层次感

▲ 图 2–14　前景构图拍摄的花海短视频

☆专家提醒☆

一般情况下，任何一个短视频作品，不管精彩与否，其画面上都有一个突出的主体对象。为了使所拍摄的画面呈现出完美的视觉效果，拍摄者通常会想尽办法突出主体，因此突出主体是短视频构图的一个基本要求。

实例 10 试试更容易抓人眼球的中心构图

【要点解析】

中心构图又称为中央构图，简而言之，即将视频主体置于画面正中间进行取景。中心构图最大的优点在于主体突出、明确，而且画面可以达到上下左右平衡的效果，更容易抓人眼球。

【操作技巧】

拍摄中心构图的视频非常简单，只需要将主体放置在视频画面的中心位置即可，而且不受横、竖构图的限制，如图 2-15 所示。

横画幅中心构图

竖画幅中心构图

▲ 图 2-15　中心构图的操作技巧

拍摄中心构图的相关技巧如下。

（1）选择简洁的背景。使用中心构图时，尽量选择背景简洁的场景，或者主体与背景的反差比较大的场景，这样能够更好地突出主体，如图 2-16 所示。

采用逆光拍摄，主体人物变成黑色的剪影状态，与背景形成极大的反差

在主体侧边加上视频字幕，对拍摄的时间和地点进行说明，强化主题的表达

▲ 图 2-16　选择简洁的背景以突出主体

☆专家提醒☆

中心构图看上去非常简单，其实也需要注意一些细节，如选择简洁的背景或者利用对比来衬托画面主体。此外，中心构图与正方形画幅搭配效果更佳。

（2）制造趣味中心点。中心构图的主要缺点在于画面效果比较呆板，因此拍摄时可以运用光影角度、虚实对比、肢体动作、线条韵律及黑白处理等方法，制造一个趣味中心点，让视频画面更加吸引眼球。

【实拍案例】

图 2–17 所示为采用“推镜头 + 中心构图”方式拍摄的美食视频画面，其构图形式非常精炼，在运镜过程中始终将美食放在画面中间，观众的视线会自然而然地集中到主体上，从而让想表达的内容一目了然。

▲ 图 2–17　美食短视频

图 2–18 所示为采用“升镜头 + 中心构图”方式拍摄的人物登山视频画面，镜头从人物的脚部逐渐上升到人物身体上，不仅展现出了山势的险峻，同时也很好地制造出画面空间感，形成了“人景合一”的画面效果。

▲ 图 2-18　登山短视频

实例 11 简单易用的三分线和九宫格构图

【要点解析】

三分线构图是指将画面横向或纵向分为 3 部分，在拍摄视频时，将对象或焦点放在三分线的某一位置上进行构图取景，从而使对象更加突出，画面更加美观。

九宫格构图又称井字形构图，是三分线构图的综合运用形式，是指用横竖各两条直线将画面等分为 9 个空间，不仅可以让画面更加符合人眼的视觉习惯，而且还能突出主体、均衡画面。

【操作技巧】

三分线构图的拍摄方法十分简单，只需要将视频拍摄主体放置在拍摄画面的横向或者竖向 1/3 处即可，如图 2-19 所示。

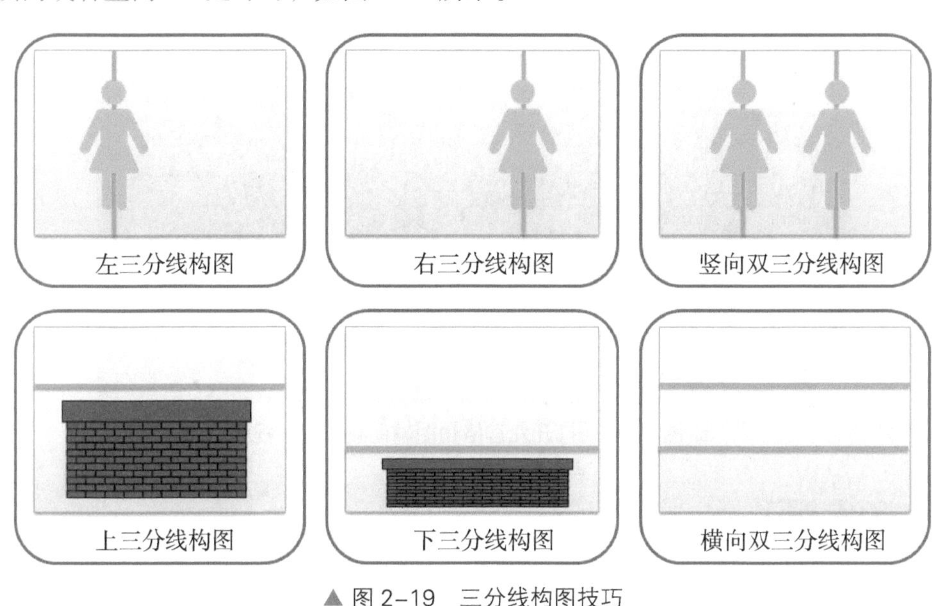

▲ 图 2-19　三分线构图技巧

使用九宫格构图，不仅可以将主体放在 4 个交叉点上，还可以将其放在 9 个空间格内，从而使主体非常自然地成为画面的视觉中心，如图 2-20 所示。

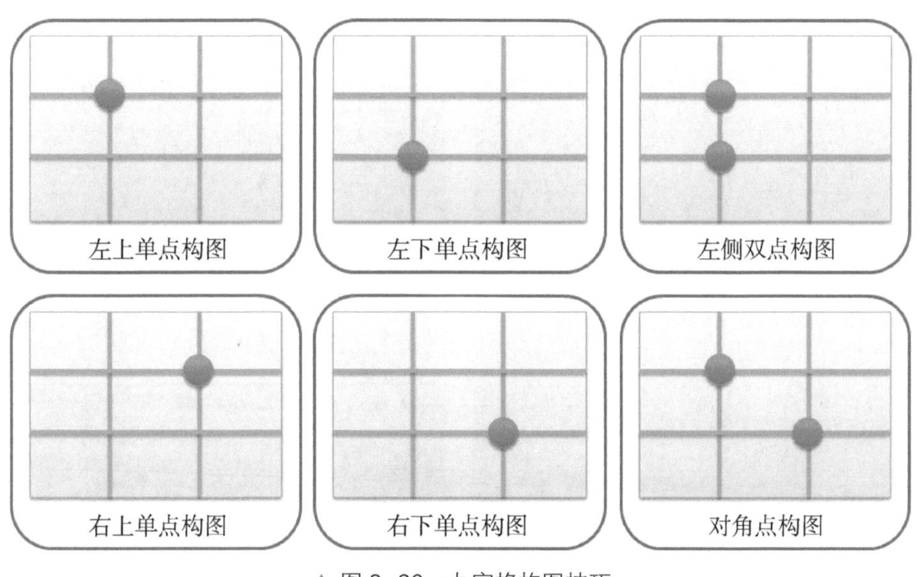

▲ 图 2-20　九宫格构图技巧

在拍摄短视频时，用户可以将手机的九宫格构图辅助线打开，以便更好地对画面中的主体元素进行定位或保持线条的水平，如图 2-21 所示。

▲ 图 2-21　打开九宫格构图辅助线拍摄短视频

【实拍案例】

如图 2-22 所示，视频画面中上面 1/3 为天空，下面 2/3 为地景，形成了上三分线构图，这样不仅体现出拍摄地点的高度，同时也让地面的视野更加广阔，在视觉上也更加令人愉悦。

▲ 图 2-22　上三分线构图拍摄的视频示例

采用三分线构图拍摄短视频最大的优点就是，将主体放在偏离画面中心的1/3 位置处，使画面不至于太枯燥或呆板，还能突出视频的拍摄主题，使画面紧凑有力。如图 2–23 所示，在拍摄这组延时视频的各个片段时，都将天际线（天地相连的交界线）放在下三分线的位置上，这种构图方式可以使得画面看起来更加舒适，更具有美感。

▲ 图 2–23　下三分线构图拍摄的视频示例

如图 2–24 所示，将人物的头部安排在九宫格右下角的交叉点位置附近，从而给相机镜头的拍摄方向留下大量的空间，体现出人物视线的延伸感。

要学好构图，需要注意两点：一是观察拍摄对象的数量，挖掘他们的特色和亮点；二是掌握多种构图技法，在拍摄时找到最匹配对象的构图来拍。关于九宫格构图，在《摄影构图从入门到精通》一书中有详细讲解，能够帮助读者学到更多摄影构图技巧，从而提升拍摄视频时的构图取景水平。

▲ 图 2-24　九宫格构图拍摄的视频示例

实例 12

教你轻松将框式构图拍“活”

【要点解析】

框式构图又称框架式构图，也有人将其称为窗式构图或隧道构图。框式构图的特点是借助某个框式图形来取景，而这个框式图形既可以是规则的也可以是不规则的，即可以是方形也可以是圆，甚至还可以是多边形。

☆专家提醒☆

框式构图的重点是利用主体周边的物体构成一个边框，起到突出主体的效果。框式构图主要通过门窗等作为前景形成框架，透过门窗框的范围引导观众的视线至被摄对象上，从而增强视频画面的层次感，同时可使画面具有更多的趣味性，形成不一样的画面效果。

【操作技巧】

要想拍摄框式构图的视频画面，就需要寻找到能够作为框架的物体，这就需要在日常生活中多多仔细观察，留心身边的事物。下面通过例图来解析框式构图的分类和拍法，如图 2-25 所示。

❶ 圆形的门框：对称平稳

❷ 矩形的窗框：非常工整

❸ 不规则的山洞门框：明暗对比

▲ 图 2-25　框式构图的分类和拍法

【实拍案例】

如图 2-26 所示，借助围墙的拱门形成了一个圆形的框架，将人物框在其中，再加上地面的透视效果，制造出极强的空间感。运用这种圆形框式构图拍摄手法，不仅人物主体突出、明确，同时也让画面更容易抓人眼球。

▲ 图 2-26　框式构图拍摄的视频示例

☆专家提醒☆

框式构图其实还有一层更高级的玩法，即逆向思维，通过对象来突出框架本身的美，这里是指将对象作为陪体，将框架作为主体，如图 2-27 所示。

▲ 图 2-27　将桥洞框架作为主体，将竹筏作为陪体

图 2-28 所示为采用“框式构图 + 拉镜头”方式拍摄的铜钟短视频，用框架来衬托主体，共同完成作品的主题表达。

▲ 图 2-28　铜钟短视频

实例 13

运用引导线构图让画面更有冲击力

【要点解析】

引导线即可以是直线，也可以是斜线、对角线或者曲线，通过这些线条来“引导”观众的注意力，吸引他们的兴趣。

引导线构图的主要作用如下。

- 引导视线至画面主体。
- 丰富画面的层次结构。
- 具有极强的纵深效果。
- 展现出景深和立体感。
- 创造出深度的透视感。
- 帮助观众探索整个场景。

【操作技巧】

生活中场景的引导线有道路、建筑物、桥梁、山脉、强烈的光影及地平线等。很多短视频的拍摄场景中，都包含各种形式的线条，因此拍摄者要善于找到这些线条，使用它们来增强视频的画面冲击力，如图 2–29 所示。

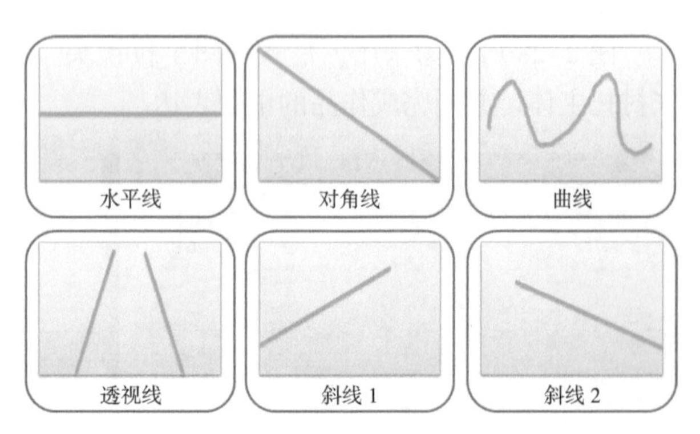

▲ 图 2–29 引导线的基本类型

【实拍案例】

下面通过实拍案例来介绍引导线构图，帮助读者进一步掌握其拍法。

（1）水平线构图：以一条水平的直线来进行构图取景，给人带来辽阔和平静的视觉感受，如图 2–30 所示。水平线构图需要在拍摄前期多看、多琢磨，寻找一个好的拍摄位置。

▲ 图 2–30 水平线构图

（2）对角线构图：这是比斜线更规范的一种构图形式，强调的是对角成一条直线，可以使画面更具有方向感。如图 2–31 所示，在取景构图时，将桥梁放在画面的对角线位置上，赋予画面动感、活泼的视觉效果。

▲ 图 2-31　对角线构图拍摄的两个视频片段

（3）曲线构图：线条弯曲而圆润，适合表现自身富有曲线美的景物，可以很好地表达被摄对象的韵律，且具有魅力的形态。图 2-32 所示为采用“升镜头 + 曲线构图”方式拍摄的铁轨短视频，让画面更具流动感。图 2-33 所示为使用无人机拍摄的山路短视频，通过“远景 + 近景”呈现出山路的 S 形曲线，使画面更具韵律感。

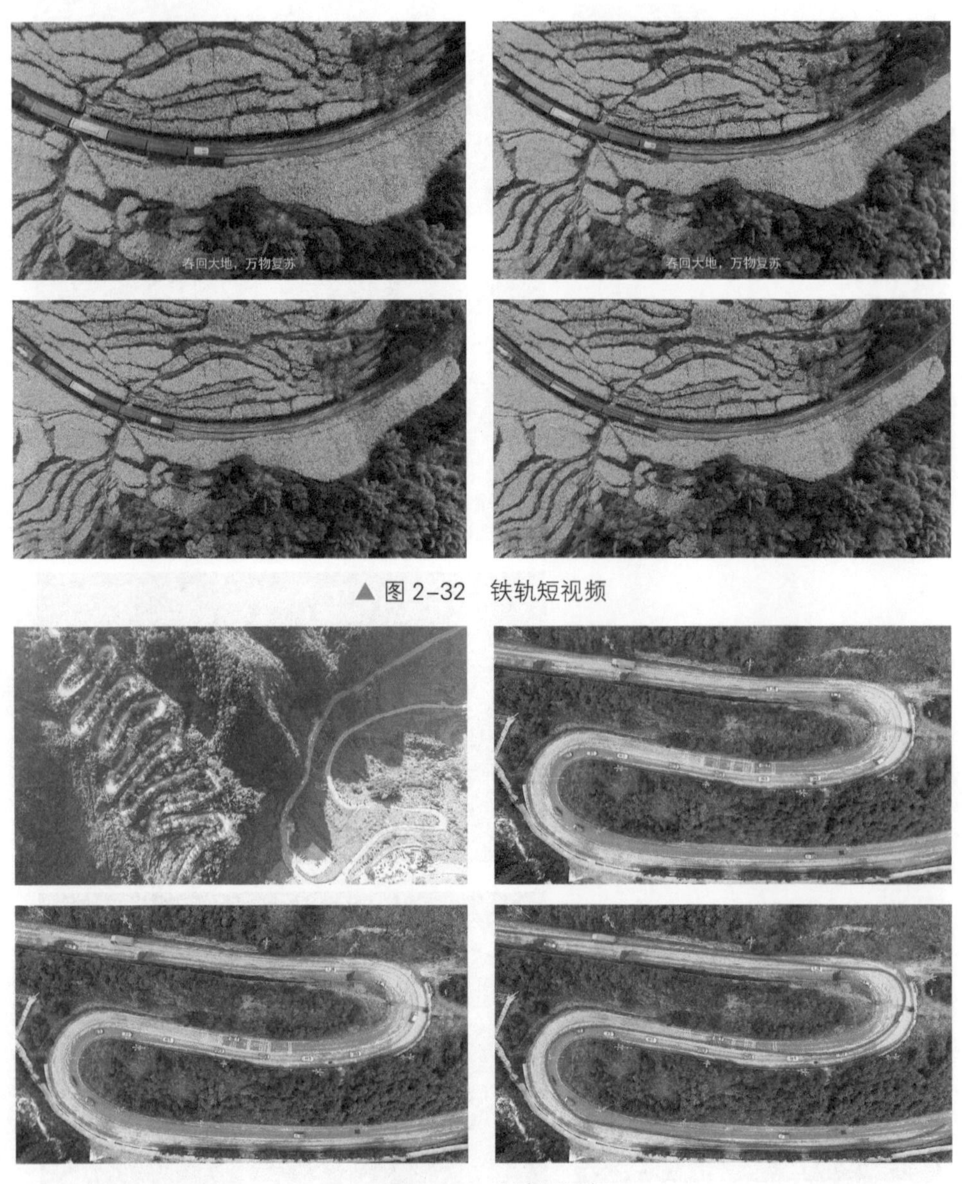

▲ 图 2-32　铁轨短视频

▲ 图 2-33　山路短视频

（4）透视线构图：是指视频画面中的某一条线或某几条线，有“近大远小”的透视规律，可以使观众的视线沿着视频画面中的线条汇聚成一点。图 2-34 所示为采用透视线构图拍摄的隧道短视频，画面两边都带有由远及近形成延伸感的线条，能很好地汇聚观众的视线，使视频画面更具有动感和深远意味。

▲ 图 2-34　透视线构图

（5）斜线构图：主要利用画面中的斜线来引导观众的目光，同时能够展现物体的运动、变化及透视规律，可以让视频画面更有活力和节奏感。图 2-35 所示为利用大桥的斜线来进行构图，分割水面与天空，让视频画面更具层次感。

▲ 图 2-35　斜线构图

实例 14

用好对称式构图会让你惊喜万分

【要点解析】

对称构图是指画面中心有一条线把画面分为对称的两份，既可以是画面上下对称，也可以是画面左右对称，或者是围绕一个中心点实现画面的径向对称，这种对称画面会给人一种平衡、稳定、和谐的视觉感受。

【操作技巧】

生活中有很多以不同形式存在的对称画面，下面笔者总结了一些在短视频中常用的对称构图类型，如图 2-36 所示。

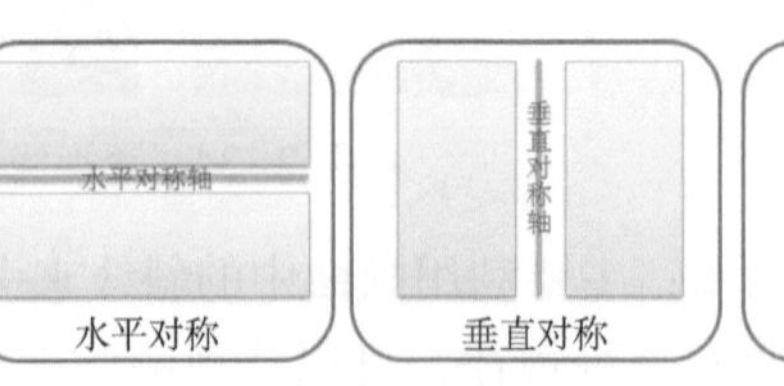

▲ 图 2-36　对称构图的 3 种常见类型

【实拍案例】

如图 2-37 所示，以地面与水面的交界线为水平对称轴，水面清晰地反射了上方的景物，形成水平对称构图，让视频画面的布局更为平衡。

▲ 图 2-37　水平对称构图

图 2-38 所示，下面这两个视频片段均采用垂直对称构图的形式，画面左右两侧的建筑等元素对称排列。拍摄这种视频画面时注意要横平竖直，尽量不要倾斜。

▲ 图 2-38　垂直对称构图

图 2-39 所示为采用径向对称构图拍摄的建筑短视频，将圆心作为画面的中心，圆心上的每一条直径都是一条对称轴，打造出绝对的视觉盛宴。

▲ 图 2-39　径向对称构图

实例 15 善用 9 种对比构图让作品更具观感

【要点解析】

对比构图的含义很简单，就是通过不同形式的对比，强化画面的构图，产生不一样的视觉效果。对比构图的意义有两点：一是通过对比产生区别，强化主体；二是通过对比来衬托主体，起辅助作用。

【操作技巧】

对比反差强烈的短视频作品能够给观众留下深刻的印象。下面笔者总结了对比构图的 9 种拍法，掌握这些方法可使短视频的主题更鲜明、更富有内涵，同时画面也更吸引人。

（1）大小对比构图。通常是指在同一画面中利用大小两种对象，以小衬大，或以大衬小，从而突出主体，如图 2–40 所示。拍摄短视频时，可以运用构图中的大小对比来突出主体，但注意画面要尽量简洁。

▲ 图 2–40　大小对比构图（人物的“小”和树木的“大”形成对比）

（2）远近对比构图。是指运用远处与近处的对象，进行距离上或体积上的对比，从而布局画面元素，如图 2–41 所示。在实际拍摄时，需要拍摄者独具匠心，找到远近可以形成对比的物体对象，然后从某一个角度切入进行拍摄。

（3）虚实对比构图。这是一种利用景深拍摄视频，让背景与主体产生虚实区别的构图方法。这种虚实对比的画面会使人的视线集中在画面中的清晰物体上，而忽略模糊的、看不清的物体，这就是虚实对比带来的观赏效果，如图 2–42 所示。

▲ 图 2-41　远近对比构图（近处的房子与远处的山峰形成对比）

▲ 图 2-42　虚实对比构图（虚化的背景和清晰的前景形成对比）

☆专家提醒☆

虚实对比构图的要点有 3 个：一是虚，二是实，三是对比。要拍出虚实对比的短视频，除了使用长焦镜头，还可以借助一些 App 来实现。例如 Focos live 这款 App，具有拍摄浅景深视频的功能，用户可以在该 App 中调整光圈和背景虚化程度，而且还能够无限次地设定焦点，改变画面的景深范围。

（4）明暗对比构图。是指两种不同亮度的物体同时存在于视频画面中，对观众的眼睛进行有力冲击，从而增强短视频的画面感，如图 2-43 所示。

▲ 图 2-43　明暗对比构图（暗淡的山峰剪影和明亮的天空形成对比）

（5）颜色对比构图。包括色相对比、冷暖对比、明度对比、纯度对比、补色对比、同色对比及黑白灰对比等多种类型，如图 2–44 所示。人们在欣赏视频时，通常会先注意到那些鲜艳的色彩，拍摄者可以利用这一特点来突出视频主体。

▲ 图 2–44　颜色对比构图（金黄色的建筑和灰白的天空、雪山等形成对比）

（6）质感对比构图。是指画面中不同元素之间不同质感的对比，如细腻与粗糙的质感对比，或者坚硬与柔软的质感对比等，这种对比可以很好地体现出拍摄者的情感和思想，如图 2–45 所示。

▲ 图 2–45　质感对比构图（细腻的海水和粗糙的岩石等形成对比）

（7）形状对比构图。是指利用视频画面中的不同元素之间的形状差异，来进行对比构图，可以吸引观众的视线，同时画面也更具观赏性，如图 2–46 所示。

（8）动静对比构图。是指画面中处于运动趋势的元素和处于静止状态的元素之间产生了对比关系，如图 2–47 所示。拍摄动静对比构图的画面一定要眼疾手快，迅速抓拍，或者在发现有运动趋势的元素时，提前将拍摄设备拿出来做准备。

▲ 图 2-46　形状对比构图（矩形的窗户和三角形的窗户形成对比）

▲ 图 2-47　动静对比构图（运动的汽车和静止的背景元素形成对比）

（9）方向对比构图。主要利用画面中不同元素的方向来形成对比，包括视线的方向、运动的方向等，可以带来悬念感和紧张感，如图 2-48 所示。

▲ 图 2-48　方向对比构图（面向左方和面向右方的黑天鹅形成对比）

【实拍案例】

如图 2-49 所示，河岸两边的建筑元素形成了远近对比 + 大小对比，更能体现出视频画面的空间感和距离感。

▲ 图 2-49 “远近对比 + 大小对比”方式拍摄的短视频示例

图 2-50 所示为采用“明暗对比 + 冷暖对比 + 远近对比”方式拍摄的日落风光延时短视频，这种色彩和明亮度的差异能够在视觉上给观众带来极大的冲击力。

▲ 图 2-50　多种对比构图拍摄的短视频示例

☆专家提醒☆

黄色和蓝色分别是暖色和冷色，而且它们在色轮上的位置是相对的，运用这两种颜色可以形成比较强烈的对比，增加画面的视觉冲击力。

第 3 章

运镜技巧：多种拍摄手法提升视频观感

实例 16

了解拍摄短视频的两大镜头类型

【要点解析】

常用的短视频的拍摄镜头有两种，分别为固定镜头和运动镜头。固定镜头是指在拍摄短视频时，镜头的机位、光轴和焦距等都保持固定不变，适合拍摄画面中有运动变化的对象，如车水马龙和日出日落等场景。运动镜头是指在拍摄的同时会不断调整镜头的位置和角度，也可以称之为移动镜头。

【操作技巧】

使用固定镜头拍摄短视频时，只要用三脚架或者双手持机，保持镜头固定不动即可。运动镜头则通常需要使用手持稳定器辅助拍摄，从而拍出画面的移动效果。固定镜头和运动镜头的操作技巧如图 3-1 所示。

固定镜头

取景位置：固定不变
画面元素：在固定的取景画面中运动变化
如上图中流动的云朵

运动镜头

取景位置：向前、后、上、下、左、右等方向移动变化
如上图中取景位置不断向前推移
画面元素：在移动的取景画面中运动变化
如上图中的马路和两侧的树木，景别由大变小

▲ 图 3-1 固定镜头和运动镜头的操作技巧

当然，在拍摄形式上，运动镜头比固定镜头更加多样化。常见的运动镜头包括推拉运镜、横移运镜、摇移运镜、甩动运镜、跟随运镜、升降运镜及环绕运镜等。用户在拍摄短视频时可以熟练使用这些运镜方式，更好地突出画面细节和表达主题内容，从而吸引更多用户关注所拍摄的作品。

【实拍案例】

图 3–2 所示为利用三脚架固定镜头位置，拍摄的流云延时视频效果。这种固定镜头的拍摄形式，能够将天空中云卷云舒的画面完整地记录下来。

▲ 图 3–2　使用固定镜头拍摄云卷云舒的画面

实例 17

选取合适的镜头角度让画面更丰富

【要点解析】

在使用运镜手法拍摄短视频前，用户首先要掌握各种镜头角度，如平角、斜角、仰角和俯角等，熟悉角度后能够帮助读者在运镜时更加得心应手。

【操作技巧】

平角即镜头与拍摄主体保持水平方向的一致，镜头光轴与对象（中心点）齐高，能够更客观地展现主体的原貌。斜角即在拍摄时将镜头倾斜一定的角度，从而产生透视变形的画面失调感，能够使画面显得更加立体。图 3–3 所示分别为平角和斜角的操作技巧。

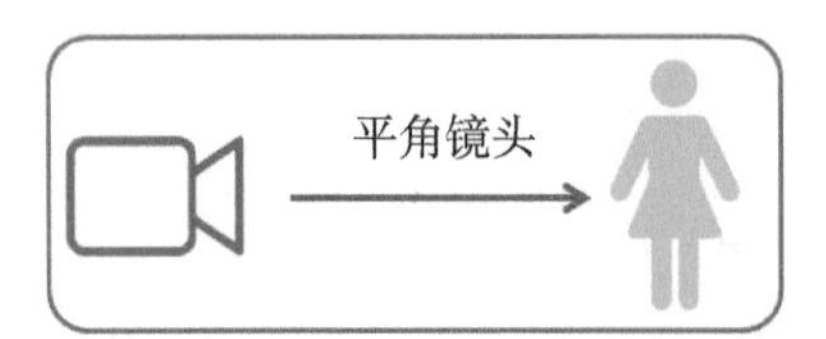

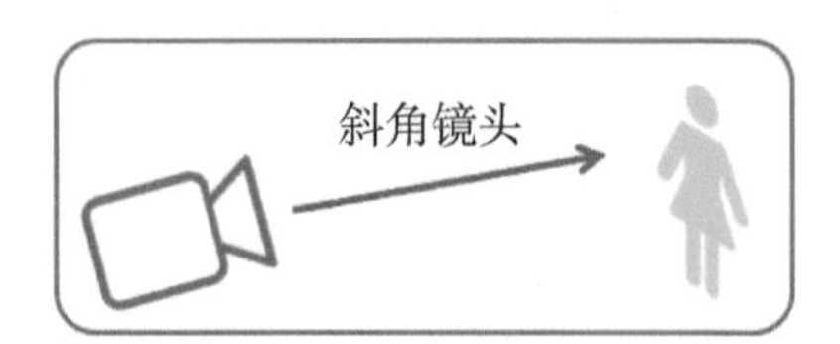

▲ 图 3–3　平角和斜角的操作技巧

俯角即采用高机位俯视的拍摄角度，可以让拍摄对象看上去更加弱小，适合拍摄建筑、街景、人物、风光、美食或花卉等短视频题材，能够充分展现主体的全貌。仰角即采用低机位仰视的拍摄角度，能够让拍摄对象显得更加高大，同时可以让视频画面更有代入感。图 3–4 所示分别为仰角和俯角的操作技巧。

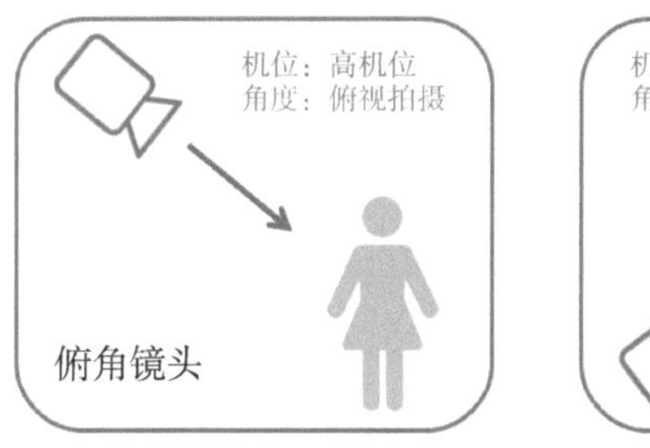

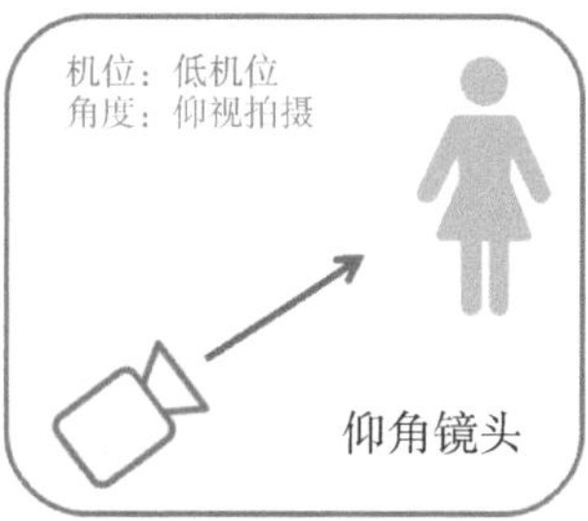

▲ 图 3–4　俯角和仰角的操作技巧

【实拍案例】

图 3–5 所示为用“俯角镜头 + 环绕运镜”方式拍摄的风光短视频，不仅能够展现出湖面的全景，而且还可以看到周围的环境。

▲ 图 3–5　俯角镜头 + 环绕运镜拍摄示例

实例 18

5 种重要的短视频镜头景别

【要点解析】

镜头景别是指镜头与拍摄对象的距离，通常包括远景、全景、中景、近景和特写等几大类型，不同的景别可以展现出不同的画面空间大小。

【操作技巧】

用户可以通过调整焦距或拍摄距离来调整镜头景别，从而控制取景框中的主体和周围环境所占的比例大小，如图 3–6 所示。

▲ 图 3-6　不同景别的取景范围

【实拍案例】

1. 远景镜头

远景镜头又可以细分为大远景和全远景两类。

（1）大远景镜头：景别的视角非常大，适合拍摄城市、山区、河流、沙漠或者大海等户外类短视频题材。大远景镜头尤其适合用于片头部分，使用大广角镜头进行拍摄，通常能够将主体所处的环境完全展现出来，如图 3-7 所示。

▲ 图 3-7　大远景镜头拍摄示例

（2）全远景镜头：可以兼顾环境和主体，通常用于拍摄高度和宽度都比较充足的室内或户外场景，可以更加清晰地展现主体的外貌形象和部分细节，并能更好地表现视频拍摄的时间和地点，如图 3-8 所示。

▲ 图 3–8　全远景镜头拍摄示例

大远景镜头和全远景镜头的区别除了拍摄的距离不同，大远景镜头对于主体的表达也是不够的，主要用于交代环境；而全远景镜头则在交代环境的同时，也兼顾了主体的展现。例如，在图 3–7 中拍摄的是大面积的山坡和绿色的森林，而在图 3–8 中则重点将弯曲的山路作为主体。

2. 全景镜头

全景镜头的主要功能是展现人物或其他主体的“全身面貌”，通常使用广角镜头进行拍摄，视频画面的视角非常广。

全景镜头的拍摄距离比较近，能够将人物的整个身体完全拍摄出来，包括性别、服装、表情、手部和脚部的肢体动作，还可以用来表现多个人物之间的关系，如图 3–9 所示。

▲ 图 3–9　全景镜头拍摄示例

3. 中景镜头

中景镜头的景别为从人物的膝盖部分向上至头顶，不但可以充分展现人物的面部表情、发型发色和视线方向，同时还可以兼顾人物的手部动作，如图 3-10 所示。

▲ 图 3-10 中景镜头拍摄示例

4. 近景镜头

近景镜头景别主要是将镜头下方的取景边界线卡在人物的腰部位置上，用于重点刻画人物形象和面部表情，展现人物的神态、情绪和性格特点等细节，如图 3-11 所示。

▲ 图 3-11 近景镜头拍摄示例

5. 特写镜头

特写镜头景别着重刻画人物的整个头部画面或身体的局部特征。特写镜头是一种纯细节的景别形式，也就是说，在拍摄时将镜头只对准人物的脸部、手部或者脚部等某个局部，进行细节的刻画和描述，如图 3-12 所示。

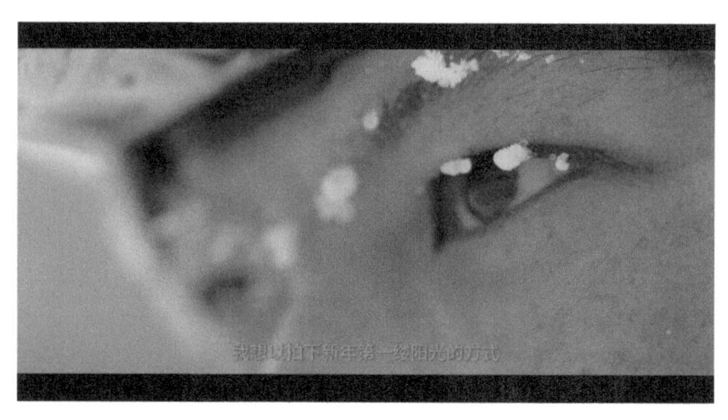

▲ 图 3-12　特写镜头拍摄示例

实例 19

推拉运镜表现物体的前后变化

【要点解析】

推拉运镜是短视频拍摄过程中最为常见的运镜方式，通俗来说就是一种“放大画面”或“缩小画面”的表现形式，可以用来强调拍摄场景的整体或局部，以及彼此间的关系。

【操作技巧】

推拉运镜的操作技巧如图 3-13 所示。

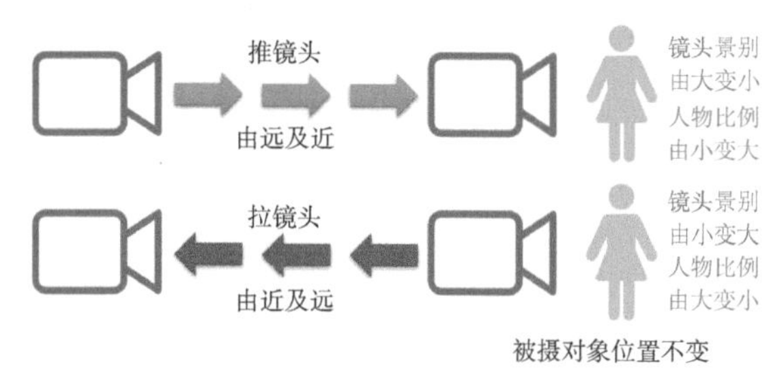

▲ 图 3-13　推拉运镜的操作技巧

推镜头是指从较大的景别将镜头推向较小的景别，如从远景推至近景，从而突出用户要表达的细节，将这个细节从镜头中凸显出来，让观众注意到。拉镜头的运镜方向与推镜头正好相反，先用特写或近景等景别将镜头靠近主体拍摄，然后再向远处逐渐拉出，拍摄远景画面。

【实拍案例】

图 3-14 所示为采用无人机拍摄的视频画面，拍摄时镜头的机位比较低，同时距离人物比较近，能够看清人物的一些动作和细节特征。

▲ 图 3-14　近距离拍摄

然后通过拉镜头的运镜方式，将无人机的镜头机位向后拉远并升高，画面中的人物变得越来越小，同时让镜头获得更加宽广的取景视角，如图 3-15 所示。

▲ 图 3-15　通过拉镜头交代主体所处的环境

☆专家提醒☆

拉镜头的适用场景和主要作用如下。

（1）适用场景：剧情类视频的结尾，强调主体所在的环境。

（2）主要作用：可以更好地渲染短视频的画面气氛。

实例 20 横移运镜扩大视频画面的空间感

【要点解析】

横移运镜是指拍摄时镜头按照一定的水平方向移动，跟推拉运镜向前后方向运动的不同之处在于，横移运镜是将镜头向左右方向运动。横移运镜通常用于展现剧中的情节，如人物在沿直线方向走动时，镜头也跟着横向移动，不仅可以更好地展现出空间关系，而且能够扩大画面的空间感。

【操作技巧】

横移运镜的操作技巧如图 3-16 所示。

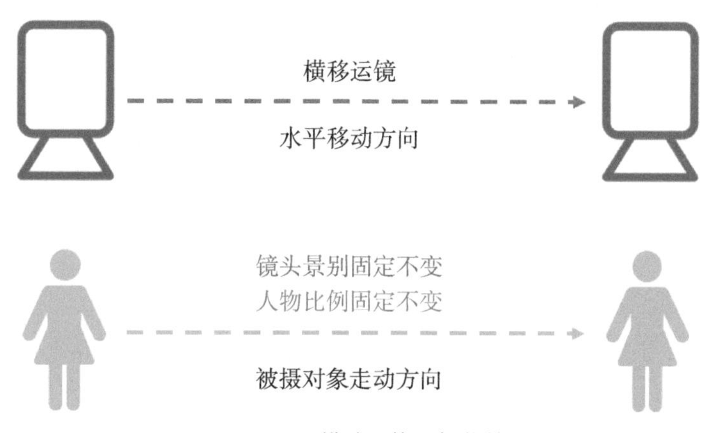

▲ 图 3-16 横移运镜的操作技巧

☆专家提醒☆

在使用横移运镜拍摄短视频时，可以借助滑轨摄影设备，从而保持手机或相机的镜头在移动拍摄过程中的稳定性。

【实拍案例】

图 3–17 所示为使用无人机跟拍的一段短视频画面，拍摄时使用“智能跟随”模式，然后在侧面拍摄人物爬雪山的场景。

▲ 图 3–17　拍摄爬雪山场景

☆专家提醒☆

无人机的“智能跟随”模式基于图像的跟随方式，可以对人、车或者船等移动对象有识别功能。需要注意的是，使用“智能跟随”模式时，无人机要与跟随对象保持一定的安全距离，以免造成人身伤害。

在拍摄过程中，无人机的镜头会跟随人物走动的方向同步向左侧移动，形成横移运镜效果，能够让画面看上去更加流畅，如图 3–18 所示。

▲ 图 3–18　通过横移运镜产生跟随拍摄的视觉效果

实例 21 摇移运镜展示主体所处的环境特征

【要点解析】

摇移运镜主要通过灵活变动的拍摄角度，来充分展示主体所处的环境特征，可以让观众在观看短视频时产生身临其境的视觉体验感。

【操作技巧】

摇移运镜是指保持机位不变，然后朝着不同的方向转动镜头，镜头运动方向可分为左右摇动、上下摇动、斜方向摇动及旋转摇动。摇移运镜的操作技巧如图 3-19 所示。

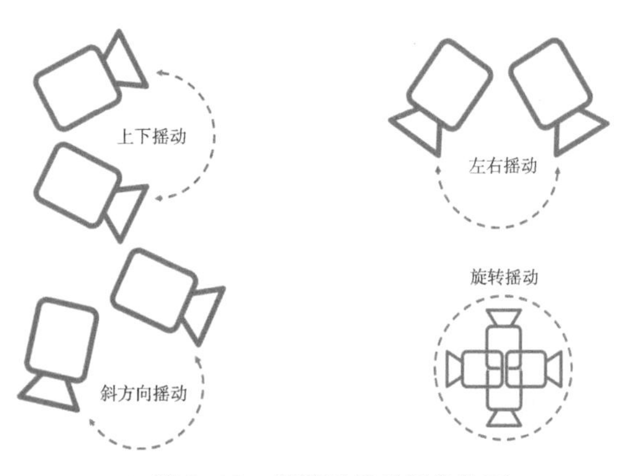

▲ 图 3-19　摇移运镜的操作技巧

摇移运镜就像是一个人站着不动，然后转动头部或身体，向四周观看身边的环境。使用摇移运镜手法拍摄视频时，可以借助手持稳定器，从而更加方便、稳定地调整镜头方向。

【实拍案例】

如图 3-20 所示，在拍摄这个视频时，机位和取景高度保持固定不变，镜头则从左向右摇动，拍摄小河两岸的风景。需要注意的是，在快速摇动镜头的过程中，拍摄的视频画面也会变得很模糊。

▲ 图 3-20　摇移运镜拍摄示例

实例 22

甩动运镜常用于制造画面抖动效果

【要点解析】

甩动运镜也称为极速切换运镜，通常用于两个镜头切换时的画面，在第一个镜头即将结束时，通过向另一个方向甩动镜头，让镜头切换时的过渡画面产生强烈的模糊感，然后马上换到另一个场景继续拍摄。

【操作技巧】

甩动运镜跟摇移运镜的操作技巧比较类似，只不过速度比较快，是用的“甩”这个动作，而不是慢慢地摇镜头。甩动运镜的操作技巧如图 3–21 所示。

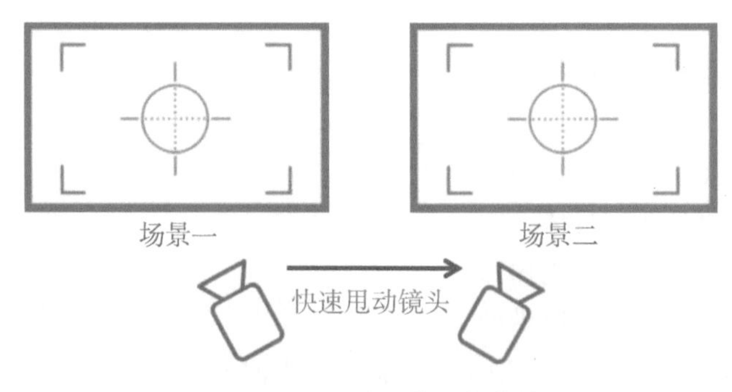

▲ 图 3–21　甩动运镜的操作技巧

【实拍案例】

如图 3–22 所示，在这个视频中的两个片段衔接处，就采用了甩动运镜方式来实现镜头画面的切换，可以让视频显得更有动感。在视频中可以非常明显地看到，镜头在快速甩动的过程中，画面也变得非常模糊。

▲ 图 3-22　甩动运镜过程中画面会变得模糊

甩动运镜可以营造出镜头跟随人物眼球快速移动的画面场景，能够表现出一种急速的爆发力和冲击力，从而展现出事物、时间和空间变化的突然性，让观众产生一种紧迫感。

实例 23 跟随运镜能够通过人物引出环境

【要点解析】

跟随运镜与前面介绍的横移运镜比较类似，只是在方向上更为灵活多变，拍摄时可以始终跟随人物前进，让主角一直处于镜头中，从而产生强烈的空间穿越感。跟随运镜适用于拍摄人像类、旅行类、纪录片及宠物类等短视频题材，能够很好地强调内容主题。

【操作技巧】

使用跟随运镜拍摄短视频时，需要注意这些事项：镜头与人物之间的距离基本保持一致；重点拍摄人物的面部表情或肢体动作的变化；跟随的路径既可以是直线，也可以是曲线。跟随运镜的操作技巧如图 3-23 所示。

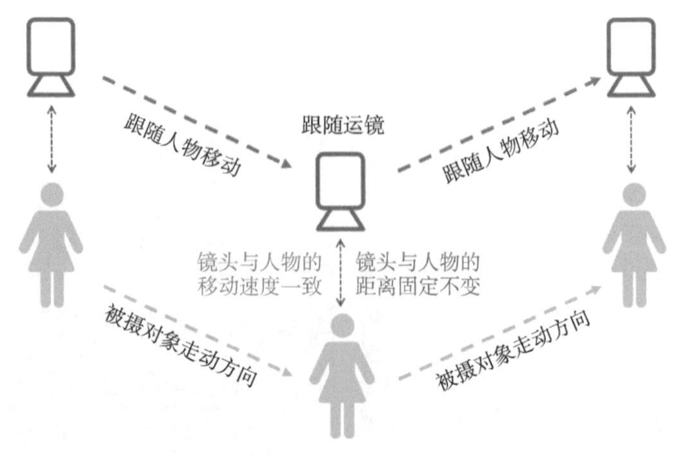

▲ 图 10-23　跟随运镜的操作技巧

【实拍案例】

图 3-24 所示为采用“跟随运镜 + 特写景别”方式拍摄的人物手部轻抚花朵的画面，通过人物的手部引出所处的环境，能够产生第一人称的画面即视感。

▲ 图 3-24　跟随运镜 + 特写景别拍摄示例

实例 24 升降运镜给画面带来扩展感

【要点解析】

升降运镜是指镜头的机位朝上下方向运动，从不同方向的视点来拍摄所要表达的场景。升降运镜适合拍摄气势宏伟的建筑物、高大的树木、雄伟壮观的高山，以及展示人物的局部细节。

【操作技巧】

升降运镜的操作技巧如图 3-25 所示。

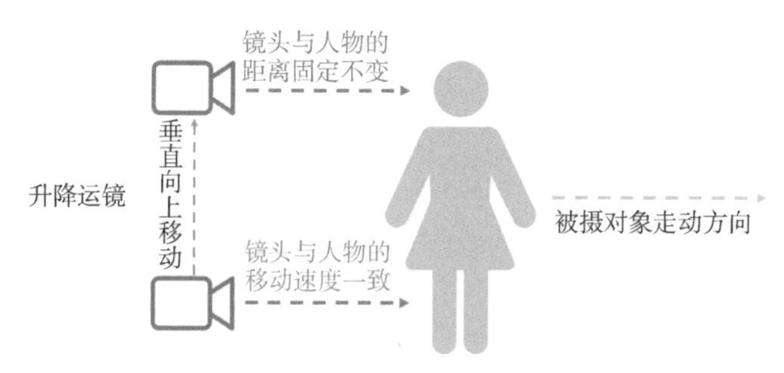

▲ 图 3-25　升降运镜（垂直升降）的操作技巧

使用升降运镜拍摄短视频时，需要注意以下事项。

· 拍摄时可以切换不同的角度和方位来移动镜头，如垂直上下移动、上下弧线移动、上下斜向移动，以及不规则的升降方向。

· 在画面中可以纳入一些前景元素，从而体现出空间的纵深感，让观众感觉到主体对象更加高大。

【实拍案例】

图 3-26 所示为采用上升运镜方式拍摄的城市夜景，在拍摄过程中将镜头机位逐渐向上升高，这种从低处向高处的上升运镜方式能够扩大画面的取景范围。

▲ 图 3-26

▲ 图 3-26　上升运镜拍摄示例

实例 25 环绕运镜让整个画面更有张力

【要点解析】

环绕运镜即镜头绕着对象 360° 环拍，操作难度比较大，在拍摄时旋转的半径和速度要基本保持一致。

【操作技巧】

环绕运镜的操作技巧如图 3-27 所示。

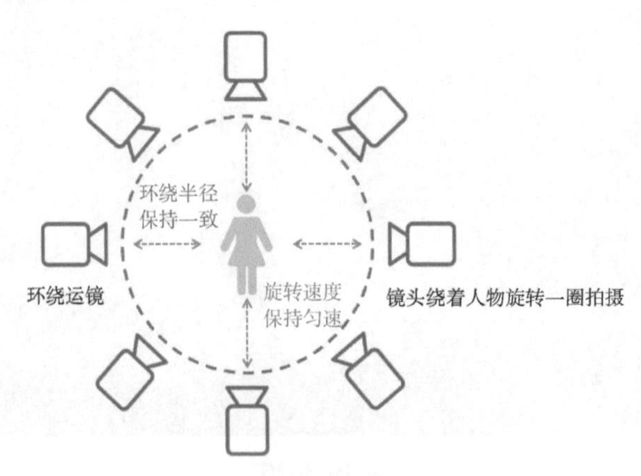

▲ 图 3-27　环绕运镜的操作示例

☆专家提醒☆

环绕运镜可以拍摄出对象周围 360° 的环境和空间特点，同时还可以配合其他运镜方式来增强画面的视觉冲击力。如果人物在拍摄时处于移动状态，则环绕运镜的操作难度会更大，可以借助手持稳定器设备来稳定镜头，使旋转过程更加平滑、稳定。

【实拍案例】

图 3-28 所示为使用无人机的“兴趣点环绕”模式拍出 bm 环绕运镜效果，主体是画面中行驶的车辆，无人机则围绕车辆进行 360° 拍摄。

▲ 图 3-28　环绕运镜拍摄示例

第 4 章

人像视频：轻松拍出唯美人像大片

实例 26 视频拍摄中的人物应如何布光

【要点解析】

光线可以分为自然光与人造光两种。如果没有光线，那么世界就会呈现出一片黑暗的景象，所以光线对于视频拍摄来说至关重要，也决定着视频的清晰度。

对于人像类短视频来说，合理的布光可以增强画面的层次感，同时还可以更好地强调故事性，吸引观众的目光并引起他们思考，去品味短视频主题中的内涵。

【操作技巧】

拍摄人像类短视频时，可以借助不同的光线类型和角度，来描述人物的形象特点。前提是必须足够了解光线，同时能够善于使用光线来进行短视频的创作。总的来说，光线的布局角度包括以下 8 种类型，如图 4–1 所示。

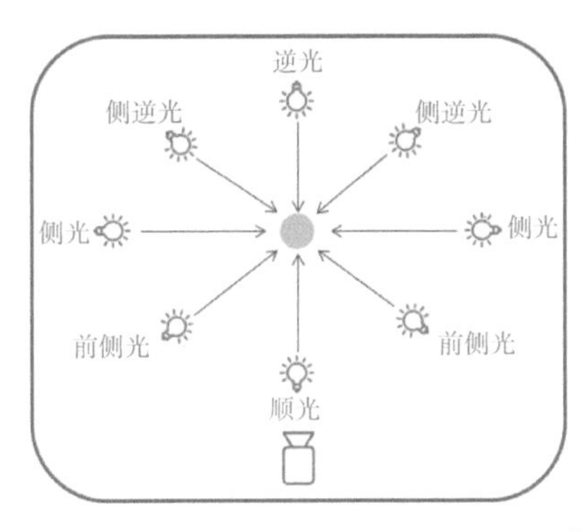

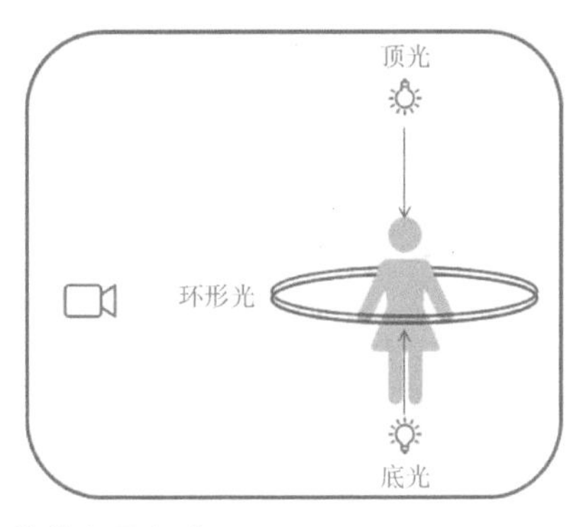

▲ 图 4–1　光线的布局角度

人像短视频的影调主要包括高调、低调和中间调 3 种。

（1）高调人像光影：布光主要以顺光、顶光和环形光为主，画面中以亮调为主导，暗调占据的面积非常小，或者几乎没有暗调，色彩主要为白色、亮度高的浅色及中等亮度的颜色，如图 4–2 所示。

（2）低调人像光影：布光主要以逆光或侧逆光为主，色彩主要为黑色、低亮度的深色及中等亮度的颜色，呈现出深沉、黑暗的画面风格，如图 4–3 所示。

（3）中间调人像光影：布光主要以顺光和前侧光为主，画面的明暗层次和感情色彩等变化都非常丰富，可以很好地把握细节，不过其基调并不明显，可以用来展现独特的影调魅力，如图 4–4 所示。

▲ 图 4-2　高调人像光影（顺光）

▲ 图 4-3　低调人像光影（逆光）

▲ 图 4-4　中间调人像光影（前侧光）

在拍摄人像类短视频时，还需要通过布光来塑造光型，即用不同方向的光源让人物形象形成一定的造型效果。

（1）正光型：布光主要以顺光为主，即照射在人物正面的光线，其主要特点是受光非常均为，画面比较通透，不会产生非常明显的阴影，而且色彩也非常亮丽。顺光可以让人物的整个脸部都非常明亮，只有一个小小的鼻影，同时人物的线条也更显流畅，五官更加立体逼真，如图 4–5 所示。

（2）侧光型：布光主要以正侧光、前侧光和大角度的侧逆光（即画面中看不到光源）为主，光源位于人物的左侧或右侧，受光源照射的一面非常明亮，而另一面则比较阴暗，画面的明暗层次感非常分明，能够体现出一定的立体感和空间感，如图 4–6 所示。

（3）逆光型：是指拍摄方向与光源照射方向刚好相反，也就是将镜头对着光拍照，可以产生明显的剪影效果，从而展现出人物的轮廓，表现力非常强，如图 4–7 所示。在逆光状态下，如果光源向左右稍微偏移，就会形成小角度的侧逆光（即画面中能够看到光源），同样可以体现人物的轮廓，如图 4–8 所示。

▲ 图 4-5　正光型

▲ 图 4-6　侧光型

▲ 图 4-7　完全逆光型

▲ 图 4-8　小角度的侧逆光

（4）显宽光：采用“侧光 + 反光板”的布光方式，同时让人物脸部的受光面向镜头转过来，这样脸部会显得比较宽阔，通常用于拍摄高调或中间调人像，适合瘦弱的人物使用，如图 4-9 所示。

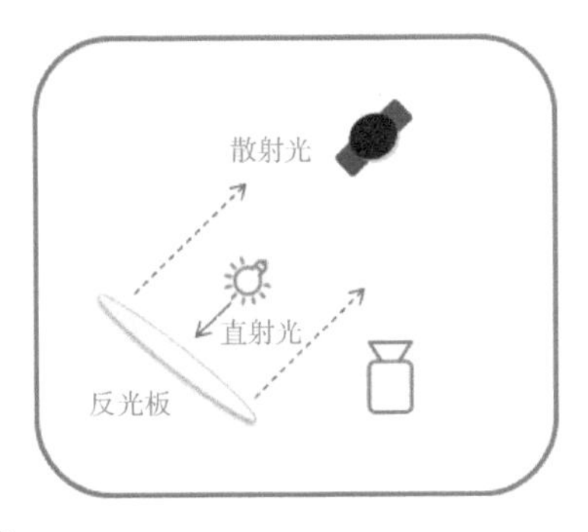

▲ 图 4-9　显宽光

（5）显瘦光：采用“前侧光 + 反光板”的布光方式，同时让人物脸部的背光面向镜头转过来，这样在人脸部分的阴影面积会更大，从而显得脸部更小，如图 4-10 所示。

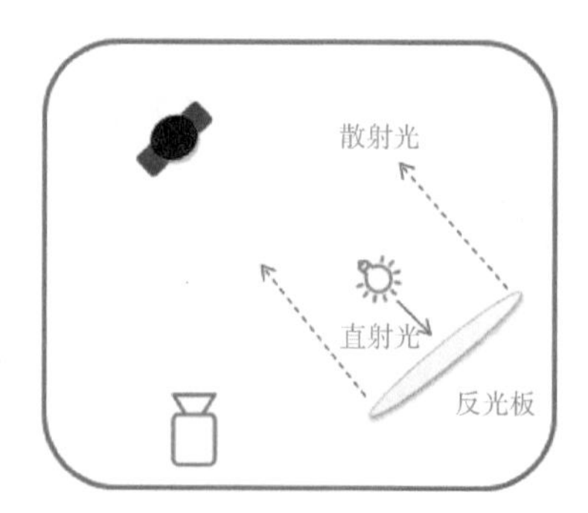

▲ 图 4-10　显瘦光

【实拍案例】

如图 4-11 所示，采用逆光角度抓拍人物跳跃的动作，人物的动作轮廓非常鲜明，而且画面的立体感也很强。

▲ 图 4-11　拍摄人物跳跃的短视频

实例 27

不同焦段的镜头拍出不同的效果

【要点解析】

在用单反相机拍摄人物短视频时，用户可以选择使用不同焦段的镜头，在不同的拍摄距离下，拍出不一样的画面效果。通常在写短视频的分镜头脚本同时，就需要将选用的镜头焦段确定下来，这样能够提高拍摄效率。

【操作技巧】

下面介绍一些拍摄人像短视频常用的镜头焦段。

（1）35mm 镜头焦段：适合拍摄人物的全景，同时能够兼顾一部分环境，可以简洁、明了地表达主题，如图 4-12 所示。

（2）50mm 镜头焦段：其取景视角非常接近人眼的自然观察视角，适合拍摄近景人像短视频，如人物的半身或者面部等，能够让人物的五官显得更加立体，如图 4-13 所示。

▲ 图 4-12　35mm 镜头焦段拍摄效果

▲ 图 4-13　50mm 镜头焦段拍摄效果

（3）85mm 镜头焦段：拍摄距离非常近，适合在拍摄视频过程中与人物进行沟通，对他们的姿势动作和表情神态等进行实时指导，同时还可以将人物与背景完美地融合到一起，如图 4-14 所示。

（4）135mm 镜头焦段：这种中长焦段的镜头是拍摄散景的利器，不仅光圈足够大，而且手持方便，非常适合拍摄人物半身或特写视频，如图 4-15 所示。

▲ 图 4-14　85mm 镜头焦段拍摄效果

▲ 图 4-15　135mm 镜头焦段拍摄效果

【实拍案例】

图 4-16 所示为采用 35mm 标准镜头拍摄的人像短视频，拥有不错的背景虚化效果，呈现出的画面效果可以使人感觉更为亲切、舒适。

▲ 图 4-16　35mm 标准镜头拍摄的人像短视频

实例 28

设计一些独特的姿势动作来拍摄

【要点解析】

在拍摄人像类短视频时，可以从这几个点着手：首先确定拍摄角度，然后确定拍摄的构图，最后摆好姿势拍摄。可以根据环境和人物外形的特点，让人物摆出不同的姿势动作，如站姿、坐姿、躺姿、趴姿、走姿或跳姿等。

【操作技巧】

在拍摄时可以先跟模特沟通好，把自己想要呈现的构图方式或风格效果告诉他们，然后让他们做出相应的摆拍姿势、奔跑或跳跃等动作。另外，也可以给他们看一些类似的动作短视频，让他们更好地模仿，从而达到想要的拍摄效果。图 4–17 所示为笔者在拍摄短视频时用到的一些独特姿势。

❶ 跳姿：向上跳起，拍出空中飘浮效果

❷ 跑姿：快速奔跑，展示速度感

❸ 站姿 1：找个支撑点站着拍也很酷

❹ 站姿 2：双腿向两侧分开更能彰显气势

❺ 坐姿：就地坐下尽情地舒展身体

❻ 走姿：背对镜头，目光眺望远方

▲ 图 4–17　独特姿势的拍摄示例

【实拍案例】

图 4–18 所示为一个在挪威拍摄的冰屋短视频，通过不同的坐姿和站姿能够更好地展现人物的气质状态。例如，站着时可以将手插进口袋里，坐着时则可以搭腿或抱臂，都能够让拍摄对象显得很自然。

▲ 图 4–18　冰屋短视频

图 4–19 所示为运用拉镜头的运镜方式，拍摄人物坐在汽车引擎盖上吃烧烤的短视频画面，看似潇洒随意的坐姿却无形中透露着一股霸气的味道。

▲ 图 4–19　吃烧烤短视频

实例 29 如何让人物的脸部显得更瘦

【要点解析】

大家都希望自己在视频中的颜值更高一些，尤其对于女性而言，如何让她们的身材和脸型在视频中显得更瘦一些，这是在拍摄时需要注意的问题。可以从服装、视角和姿势等方面去考虑，从而拍出“看起来比实际上更瘦”的视频效果。

【操作技巧】

下面介绍具体的拍摄方法。

（1）服装。通常情况下，在暗色背景下，人物穿浅色的衣服会显得更胖。因此，在选择服装时，可以尽量挑选深色的衣服。

（2）视角。人脸的角度一般包括正面、45° 、侧面和背面，公认的最佳拍摄角度是 45° 俯视，不但可以使人物显得脸瘦，而且眼睛看起来也会比实际上要更大一些，如图 4-20 所示。

▲ 图 4-20 “拉镜头 +45° 角”拍摄的人物短视频

☆专家提醒☆

如果用户是用单反相机拍摄短视频，也可以利用广角镜头配合俯拍角度进行拍摄，广角镜头会产生“近大远小”的画面畸变，这样人物脸部看上去就会显得更瘦了。

（3）姿势。人物可以利用不同的手势动作来遮掩面部较胖的地方，如微微地低头、用单手抚摸脸颊或者用双手托住下巴等，如图 4-21 所示。

▲ 图 4-21 利用手势动作让脸部显得更瘦

【实拍案例】

如图 4-22 所示，用虚化的树叶作为前景遮挡物，非常符合拍摄环境的氛围，同时人物微微侧头，使显瘦效果和立体效果都表现得很好。要拍出前景虚化的短视频效果，可以使用长焦镜头，同时让镜头尽量靠近前景，从而使前景更大程度地被虚化掉。

▲ 图 4-22 前景遮挡拍摄的古风短视频

实例 30
轻松拍出人物大长腿的简单方法

【要点解析】

除了瘦脸，大长腿也是很多人想要追求的画面效果，下面总结了一些拍出大长腿的简单的操作方法：低角度、双腿交叉、头部留空、腿向镜头方向延伸及侧身对着镜头等。

▲ 图 4-23　低角度拍摄

【操作技巧】

下面通过图例解析拍出人物大长腿的常用方法。

（1）低角度。用低角度拍摄人物，比如蹲下去拍，同时取景框中人物的脚部要尽量贴近画面的下底边，如图4-23所示。

（2）双腿交叉。即一只腿在前，另一只腿在后，并将重心放在直立的后腿上，同时前腿也要微微踮起脚尖，如图4-24所示。

（3）头部留空。为人物的头部留出占身体30%～70%的空间，如图4-25所示。

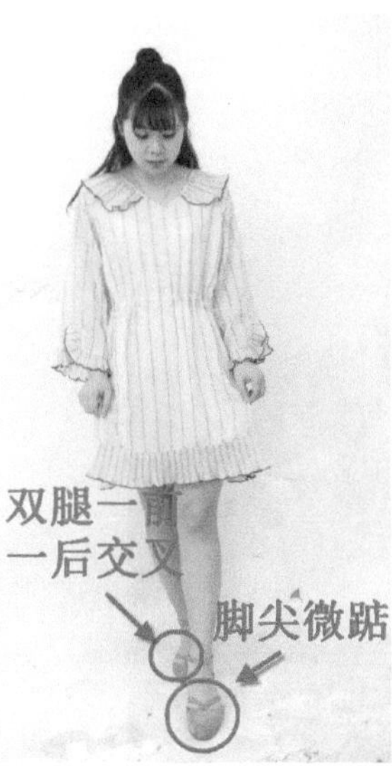

▲ 图 4-24　双腿交叉

▲ 图 4-25　头部留空

（4）腿向镜头方向延伸。让人物坐在地上或者其他物体上面，同时将腿微微弯起并向前方或侧方延伸，如图 4-26 所示。

（5）侧身对着镜头。让人物侧身对着镜头，同时将一条腿稍微弯曲，这样不但能让腿显得更长，而且姿势也更加放松，如图 4-27 所示。

▲ 图 4-26　腿向镜头方向延伸

▲ 图 4-27　侧身对着镜头

【实拍案例】

图 4-28 所示为从斜侧面拍摄的人物走下楼梯的场景，人物的双脚一前一后摆放，画面显得非常自然。同时，人物的双脚基本处在取景框的底部，能轻松地拍出大长腿效果。

▲ 图 4-28　人物下楼梯的短视频

实例 31

学会这 3 招轻松拍摄人物采访视频

【要点解析】

人物采访类视频是一种真人出镜类的视频类目类型，其拍摄重点是人物，因此想要拍好这类视频，重点在于用镜头完美地捕捉人物的形象。

【操作技巧】

下面介绍人物采访类短视频的几个拍摄技巧。

（1）做好前期准备。拍摄者对于被访者的基本背景信息要做一个全面充分的了解，并根据这些信息来安排机位、镜头和布光方案。

（2）设定人物位置。在拍摄过程中不要将人物直接放到画面中间，或者丢到角落里。建议采用前面介绍的三分线构图法，将人物安排在画面的 1/3 位置处，这样能够让观众快速聚焦到视频的中心点上，如图 4–29 所示。

▲ 图 4–29 设定合适的人物位置

（3）设定镜头位置。在条件允许的情况下，布局好主机位镜头的同时，还可以增加 1 ～ 2 个副机位镜头，从不同角度拍摄人物或现场环境，选取精彩的镜头进行剪辑，从而避免视频画面过于枯燥，如图 4–30 所示。

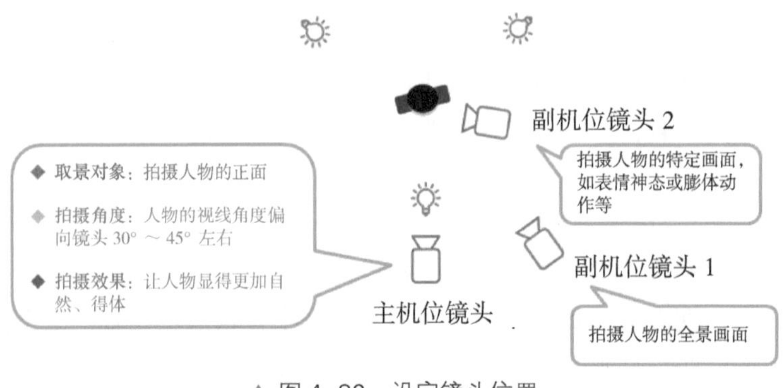

▲ 图 4–30　设定镜头位置

【实拍案例】

如图 4–31 所示，这个人物采访类短视频拍摄于日落时分，通过不同机位和镜头来进行画面切换，同时配合人物的解说语言，提升视频的整体效果。日出后两小时或日落前 3 小时内，光线非常自然，人物表面阴影较少，是拍摄人物采访类短视频的最佳时段。其他时间段拍摄时可以使用反光板来调整画面的光比，减弱画面的布光痕迹。

▲ 图 4-31　人物采访类短视频

实例 32
掌握人物的运动镜头成为拍摄高手

【要点解析】

第 3 章已经讲解了短视频运镜的基本手法，这里主要针对人物的运动镜头进行进一步的深入分析，帮助大家将其运用到实际的拍摄过程中。

人物短视频的运镜关键在于“以求画面精彩夺目”，通过运镜来凸显和塑造人物的形象，同时要能够节省时间，从而在视频中塞入更多情节或场景。

【操作技巧】

下面总结了 6 个拍摄人物短视频时常用的运镜技巧，如图 4-32 所示。

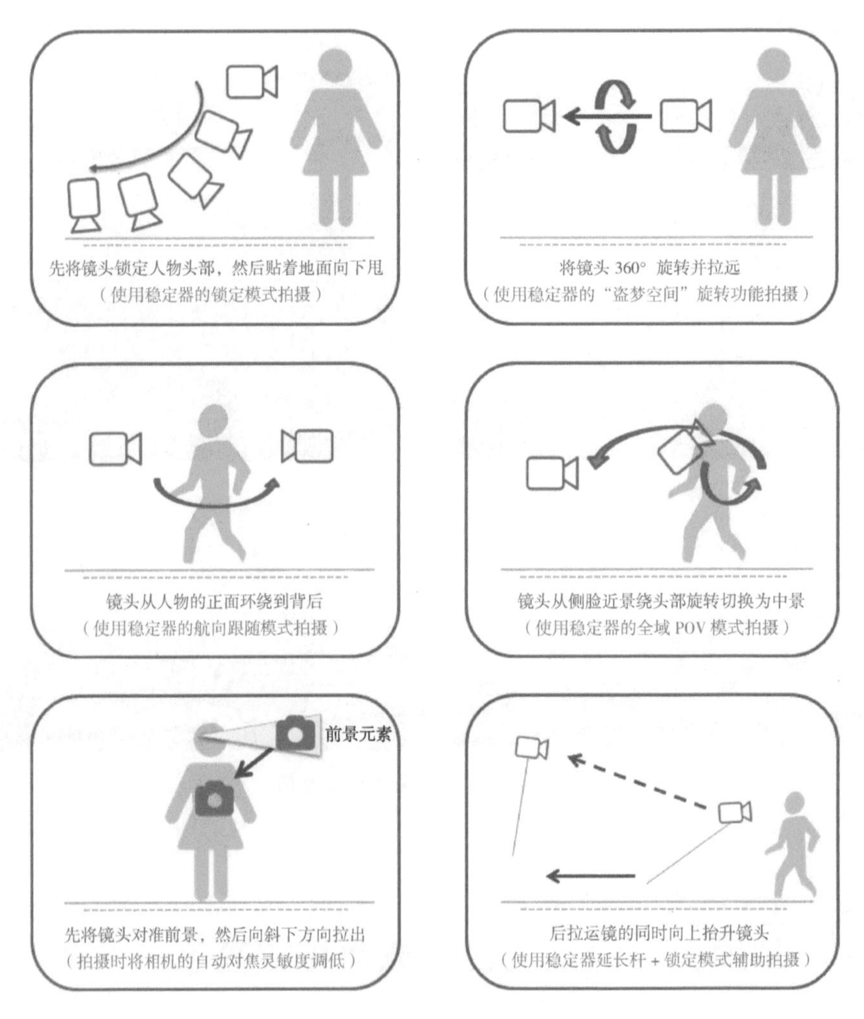

▲ 图 4-32　人物短视频常用的运镜技巧

【实拍案例】

如图 4-33 所示，该人物短视频的整体运镜过程非常流畅、自然。先采用三分线构图法，用跟随运镜的方式从人物的侧面拍摄中景镜头；然后采用对分式构图法，结合“拉镜头 + 环绕运镜”的方式拍摄人物的头部特写，画面左边是人物，右边为风景；最后跟随人物的视线方向，直接将镜头切换为人物眼中的远景风光，同时结合“推镜头 + 渐隐字幕”的形式，作为片尾结束落幕。

▲ 图 4–33 运镜类短视频示例

第 5 章

旅行视频：让生活变得更有意义

实例 33 充分利用无人机记录旅途风光

【要点解析】

无人驾驶的飞机简称“无人机”，它是一种不载人的飞机，主要利用无线电遥控设备和自备的程序控制装置来操控机器的飞行，还有一些是由计算机来完全或间歇地控制无人机的飞行。

随着无人机市场越来越成熟，其体积也越来越小巧，有些无人机只需要一只手就能轻松拿住，旅游时出门携带也非常方便，如图 5-1 所示。现在，很多摄影爱好者都喜欢用无人机来拍短视频，这样可以用不同的视角展示作品的魅力，带领观众欣赏到更美的旅途风景。

▲ 图 5-1 单手即可拿住无人机

【操作技巧】

作为一名航拍新手，首先要掌握好无人机的飞行动作，以及两只手同时操控无人机时的配合度与默契度，这都是与飞行安全息息相关的。用户可以专门练习一些适合新手的飞行动作，如直线飞行、后退飞行、原地转圈及环绕飞行等，详细的操作方法可以阅读《无人机摄影与摄像从新手到高手》一书。

下面简单介绍几个无人机航拍的基本操作方法。

（1）直线飞行：这是最简单的飞行手法，将无人机上升到一定高度后，调整好镜头的角度，然后将右侧的摇杆缓慢地往上推，无人机即可向前飞行。

（2）往后倒退：首先调整好镜头的角度，将右侧的摇杆缓慢地往下推，无人机即可向后倒退飞行。因为是后退的原因，所以前景会不断地出现在观众面前，如果有多重前景，航拍镜头倒飞堪称是绝佳的选择。

（3）原地转圈：又称为 360° 旋转，是指当无人机飞到高空后，可以进行 360° 原地旋转，也可以对高空进行 360° 俯拍。当无人机处于高空中，将左侧的摇杆缓慢地往左推，此时无人机将从左向右进行 360° 旋转。

（4）环绕飞行：也称为圆环飞行，是指无人机围绕一个中心点沿弧线方向飞行，这样飞行能最大限度地展现画面的主体，形成 360° 观景效果。例如逆时针环绕飞行的操作方法为：右手向右拨动右摇杆，无人机将向右侧侧飞，推杆的幅度要小一点，油门给小一点，同时左手向左拨动左摇杆，使无人机向左进行旋转，也就是摇杆同时向外打杆。

（5）冲天飞行：是指无人机垂直向上飞行，这样飞行的优点是可以营造出画面的大场景氛围，拍摄对象在画面中越来越渺小，与周围的环境形成了强烈的对比效果。冲天飞行的操控方式与上升一样，只是相机云台镜头垂直 90° 朝下，左手往上拨动油门摇杆，逐渐拉高机身，即可使无人机向上飞行。

（6）渐远倒飞：是指无人机向后飞行的同时，逐渐增加飞行高度，这样拍摄可以形成居高临下或者纵观全局的观看感。操作方法为左手往上拨动油门摇杆缓慢提升速度，右手向下拨动俯仰摇杆控制飞行器后退，左手根据目标情况可以上下拨动云台俯仰拨轮，控制镜头画面始终以主体对象为中心。

（7）侧向飞行：从目标的一侧飞向另外一侧，在一定程度上加强了画面的运动感与速度感，可以给观众带来身临其境的感觉，同时展现了环境左右空间的延伸感。将无人机飞至主体对象的侧面，右手向左或向右拨动摇杆，使无人机向左或向右直线飞行。

（8）飞越飞行：无人机朝目标主体飞去，以目标主体为中心，不停地降低镜头的角度，最后变为俯视飞过目标。操作方法为右手向上拨动前进摇杆，使无人机向正前方飞行；左手同时向左侧拨动云台俯仰拨轮，使云台缓慢朝下，镜头始终对准目标。

（9）螺旋上升：是指无人机自身旋转的同时，拉高机身向上飞行，可以增强画面的酷炫感，并能更好地体现画面的空间感。螺旋上升的操控方法与冲天飞行的方法类似，都是云台朝下，左手向上拨动油门摇杆的同时，缓慢往左或往右进行操控，此时无人机通过组合摇杆操作形成螺旋上升的效果。

【实拍案例】

如图 5-2 所示，无人机在河道上空一直向前飞行，俯视拍摄河道两侧的古镇风光。

▲ 图 5-2　古镇风光短视频

图 5-3 所示为采用渐远倒飞的操作方法，使用无人机拍摄的海景短视频，可以体现出场景的宏伟、大气，而且倒飞也能在视觉上给人带来非常强烈的冲击力。

▲ 图 5-3　海景短视频

图 5-4 所示为采用无人机的“智能跟随”模式，在自驾旅途中跟随车辆行驶拍摄的一些短视频片段。拍摄时一定要注意无人机的飞行高度，以及周边的环境。

▲ 图 5-4

▲图 5-4　跟车航拍短视频片段

实例 34 善用延时摄影拍出极强视觉冲击力

【要点解析】

延时摄影是一个蕴含魅力的摄影领域，它可以将几天或者几个月中的变化通过几秒钟的视频效果呈现出来，带给观众极强的视觉冲击力。

延时摄影又称缩时摄影，是一种将时间进行大量压缩的拍摄技术。延时摄影可以将几个小时中拍摄的画面，通过串联或者抽掉帧数的方式，将其压缩到很短的时间内播放，从而呈现出一种视觉上的震撼感。

【操作技巧】

延时视频主要有 3 种拍摄方式：第一种是利用摄影器材的延时摄影功能直接拍摄成品；第二种是将普通的视频进行加快处理，变成延时视频；第三种是将多张照片进行后期合成，制作成延时视频。这里主要介绍第一种方法，后两种延时摄影的拍法将在后面的章节中进行具体介绍。

例如，华为手机和大疆无人机都内置了“延时摄影”功能，以及其他手机中的“快动作”功能，都可以一键拍出延时视频作品。以华为 P30 手机为例，在“更多”界面中选择“延时摄影”选项，进入拍摄界面，❶点击录制按钮◙，即可开始拍摄延时视频；❷界面上方显示了拍摄的时间，如图 5-5 所示。待延时视频拍摄完成后，点击停止录制按钮■，即可停止拍摄并保存视频。

▲ 图 5-5　使用“延时摄影”模式拍摄视频

【实拍案例】

图 5-6 所示为笔者在高原上使用固定镜头拍摄的一段日落时分的天空延时视频效果，主要表现天空中光线明暗和云彩形状颜色的变化，整个场景十分令人震撼。

▲ 图 5-6

▲ 图 5-6　日落时分的天空延时视频

图 5-7 所示为一些城市街头的延时视频片段，人流和车流几乎被完全虚化，展示了城市中人来人往和车流如梭的繁华景象，体现出快节奏和忙碌的城市生活主题。

▲ 图 5-7　城市街景延时视频片段

实例 35

把旅途的视频拍出精彩的故事感

【要点解析】

在拍摄旅行短视频时，只有美的画面是远远不够的，还需要在其中加入自己的人生故事。一个好的作品其实就是一个耐人寻味的故事，有故事感的短视频更像是一部微型电影，能够让观众清晰地看出当时所发生的事情，传递出引人联想或思考的内容。把旅行视频拍出故事感，可以更好地传递出自己与众不同的人生体验，也许这才是旅行的真谛。

【操作技巧】

对于旅行短视频的故事感，最简单理解的就是"可以在视频中表达自己的想法"，至于故事，不同的人有不同的解读，所要做的就是找到属于自己的故事。下面介绍一些拍出故事感画面的基本技巧，如图 5-8 所示。

❶ 用背影讲故事，深沉而富有韵味

❷ 用光线表达情绪，记录美好时光

❸ 用几何图形或线条讲故事，引导观众目光

❹ 用色彩讲故事，更能抒发情绪

▲ 图 5-8

❺ 用透视线讲故事，带动情节的延续

❻ 让人物融入环境，表达画面情感

❼ 用夕阳余晖讲故事，渲染画面氛围

❽ 故意不看镜头，营造一种若有所思的意境

❾ 加入自己的旁白配音，交代人物、时间和地点，梳理故事主线

▲ 图 5-8　拍出故事感画面的基本技巧

【实拍案例】

如图 5-9 所示，可以让人物做一些自然的肢体动作，如行走、奔跑或旋转跳跃等，通过抓拍人物的完美瞬间来展现故事感。对于拍摄旅行短视频而言，旅行的常态就是“走出去、动起来”，也只有在常态中的你才是最自然的故事。

▲ 图 5-9　用常态中的人物动作讲故事

实例 36

在旅途中也可以和小动物进行互动

【要点解析】

旅途中经常会遇到一些可爱的小动物，可以用镜头将它们萌萌的样子完美记录下来，让旅途的心情更加舒适。

【操作技巧】

拍摄动物短视频同样要讲究一定的构图方式，但相比旅途风光来说更加灵活，因为动物会一直走动。如果无法掌控它的行踪，最好的办法就是拉近镜头，准备一个长焦镜头，拍摄动物的近景或特写。如图 5-10 所示，利用横画幅与近景相结合的构图方法，同时将镜头拉近拍摄，有利于表现动物憨态可掬的模样，让画面更有趣味性。

▲ 图 5-10　用近景镜头拍摄动物

在拍摄动物时，还需要学会预判它们的动作，并根据它们运动的方向来调整运镜，如图 5-11 所示。例如，在拍摄飞行的小鸟，如果它们是水平飞行的话，可以用摇镜头拍摄；如果它们是向上飞行的话，可以用升镜头拍摄；如果它们是向远处飞行的话，则可以用推镜头拍摄。

❶ 向左摇镜头，拍摄单个飞鸟

❷ 固定镜头，拍摄小范围飞翔的鸟群

❸ 向后拉镜头，拍摄从远处飞过来的鸟群

▲ 图 5-11　根据鸟的运动方向调整运镜

要想拍出理想的动物短视频作品，还需要多观察动物的习性、状态与行为，找到最为精彩的画面去拍摄，如动物正在捕猎、迁徙或者与同伴嬉戏等画面。

【实拍案例】

图 5-12 所示为用多个镜头拍摄的一群可爱的企鹅，通过“远景 + 近景 + 特写”等景别的不断切换，将它们的一举一动完整地记录下来，它们互相嬉闹的画面非常有趣。

▲ 图 5-12　企鹅玩耍短视频

实例 37 拍摄出行工具和住宿打卡短视频

【要点解析】

人们常说最美的风景永远在路上，前往心仪已久的旅行目的地往往要经历漫长的旅途，此时可以将出行工具和住宿场所作为打卡拍摄的对象，以独特的拍摄视角记录下平日里难得一见的旅途风光。

【操作技巧】

1. 拍摄出行工具

如今，交通非常发达，人们外出游玩时会乘坐各式各样的交通工具，如飞机、火车、高铁、汽车、公交车、轮船、摩托车及自行车等。下面介绍一些在旅途中常用的交通工具短视频拍摄技巧，如图 5-13 所示。

❶ 平视角度拍摄正在起飞的飞机

❷ 仰视角度拍摄空中飞行的飞机

❸ 环绕运镜拍摄行驶中的轮船

▲ 图 5-13

❹ 站在游艇的船头拍摄前方的风光

❺ 近景拍摄上车关门的画面

❻ 特写拍摄开车时打方向盘的画面

❼ 摇移运镜拍摄骑摩托车时的场景

❽ 透过汽车前挡风玻璃拍摄险峻的路况

❾ 站在车顶上拍摄“人车景合一”的画面

▲ 图 5-13　旅途的交通工具拍摄技巧

2. 拍摄住宿环境

长途旅行自然离不开住宿，住宿环境也是外出旅行的另一道重要风景，非常适合用短视频打卡记录。在拍摄住宿环境的短视频时，既可以用全景镜头来表现整体的外观特点，也可以用特写镜头拍摄室内环境，如客厅、卧室、公共区及卫生间等。

下面介绍一些在旅途中常用的住宿环境短视频拍摄技巧，如图 5-14 所示。其中，“一镜到底”就是指用一个长镜头的形式将画面一次拍完，形成一气呵成的流畅观看体验。

❶ 用推镜头拍摄酒店的客厅

❷ 用推镜头拍摄主卧，从门口一直拍到床头

❸ 用一镜到底的方式拍摄空间较小的衣帽间和卫生间

▲ 图 5-14

❹ 用全景镜头拍摄高层酒店的屋顶游泳池

▲ 图 5-14　旅途的住宿环境拍摄技巧

【实拍案例】

图 5-15 所示为一些自驾游的镜头画面，运用不同的镜头景别展现多元视角，同时在后期进行变速处理，并增加了语音旁白和字幕说明，让观众更容易理解。

▲ 图 5–15　自驾游短视频片段

图 5–16 所示为采用“第三人称 + 第一人称”相结合的拍摄视角，拍摄的一个住宿酒店“种草”类商业短视频。以自己的视角进行拍摄的第一人称视角，虽然无法在视频中看到自己的身体，但比较适合拍摄“展示流”的作品或者相关事件的体验，能够为观众带来身临其境的画面感。第三人称视角则通过露脸的方式，隔着屏幕与观众面对面交流，采用这种视角拍摄的短视频互动性比较强。

▲ 图 5-16　酒店短视频片段

实例 38
在旅行路上拍摄当地的人文风情

【要点解析】

如今，爱好旅行和摄影的用户已经不再满足于记录“到此一游”的短视频，而更加热衷于旅途中的人文景象记录，使旅行短视频变得更有意义。因此，学会拍摄旅途中的风土人情也是短视频拍摄必须掌握的技巧。

旅行中遇见的人和事物都是短视频的重要题材，无论是什么场景和事物，只要用心观察，任何东西都具有故事性，拍摄人文风情就是要从平凡中去发现不平凡的美。

【操作技巧】

首先，必须了解目的地的相关信息，这样有助于拍出有情感深度的短视频。例如，在拍摄下面这段短视频时，笔者事先通过网络找到了最佳的拍摄地点，从而用精美的短视频向更多的人展现当地独特的风貌和文化，如图 5-17 所示。

❶ 从侧面拍摄，使用斜线构图让视频画面充满生机

❷ 从正面拍摄，画面效果非常直观、显眼，有更强的形式感

▲ 图 5-17

❸ 从斜侧面仰拍，更能展现出立体感的人文建筑形态

▲ 图 5–17　多了解当地的人文风情才能拍出精彩的视频画面

另外，在外旅游时，一些充满当地特色的美食特产、人物、车辆、动物、服饰和生活方式等，都非常值得用短视频进行记录，如图 5–18 所示。

❶ 随车跟拍，拍摄独具特色的小汽车

❷ 远景镜头拍摄拥有年代感的交通工具

❸ 拍摄给动物喂食的特写镜头

❹ 低角度拍摄当地的特色小动物

❺ 平角镜头拍摄当地的市井生活

❻ “中景 + 特写”镜头拍摄当地的美食特产的生产过程

▲ 图 5-18　不同的人文元素拍摄图例解说

因此，要善于寻找有当地特色的拍摄主题和场景，如穿着民族服饰的人物，充满异域风情的地标建筑和风俗活动等，**这样能够让自己的短视频作品看起来更具有代表性和特色**，如图 5-19 所示。

❶ 远景拍摄当地的特色风貌和服饰

❷ 近景拍摄当地的特色服饰

❸ 站在高处清晰地拍摄烟花表演的全景

❹ 时刻做好准备，抓拍当地的风俗活动

▲ 图 5-19　通过旅行的方式去拍摄各地的人文风情

【实拍案例】

图 5-20 所示为拍摄于法国舍农索堡的一段短视频，这里有很多充满哥德式风格的建筑，拍摄时采用了大量的平角和航拍镜头，展现出法国文艺复兴时期的特色氛围。同时，通过第一人称的拍摄视角，在视频中用语音和文字介绍当地的风土人情，与观众保持互动。

▲ 图 5-20 舍农索堡短视频片段

第 6 章

风光视频：拍摄大场景的美景镜头

实例 39 选择合适的构图，保持地平线水平

【要点解析】

拍摄风光短视频时，关键要点在于构图方式的选择。其中水平线构图是最常用的方式，但使用时一定要保持地平线水平，此外，不同的地平线位置也会影响画面的效果。

【操作技巧】

要保持地平线水平，可以借助相机或手机中的“水平仪”功能。以华为 P30 手机为例，在“设置”界面中开启“水平仪”功能，即可在拍摄视频时非常方便地校正地平线，如图 6-1 所示。

尤其在使用横构图拍摄风光视频时，地平线的校正非常重要，稍有不慎画面就会倾斜，从而影响观感。图 6–2 所示为横拍时使用“水平仪”功能校正地平线，当“水平仪”显示为水平线状态时，即表示取景画面的地平线是水平的。

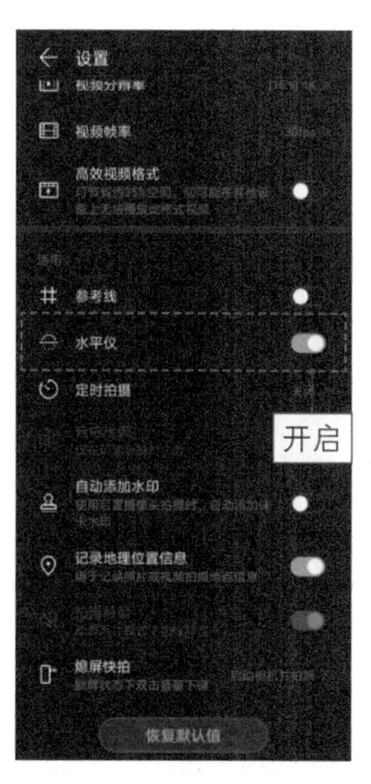

▲ 图 6–1　开启“水平仪”功能

▲ 图 6–2　使用“水平仪”功能校正地平线

【实拍案例】

图 6-3 所示为使用“延时摄影”模式拍摄的风光短视频片段，同时将地平线设定在画面下方，使观众更加专注于天空的景色。

▲ 图 6-3　将地平线设定在画面下方

☆专家提醒☆

采用横构图拍摄风光短视频，视野更加宽广，可以包容更多的元素，能够很好地展现出辽阔的风景特色。

图 6-4 所示同样为使用“延时摄影”模式拍摄的风光短视频，将地平线设定在画面的上方，使观众更加专注于地面的景色。

▲ 图 6-4　将地平线设定在画面上方

另外，用户还可以将地平线置在画面中间，创造出对称效果，如图 6-5 所示。

▲ 图 6-5　将地平线设定在画面中间

实例 40
选择合适的时机，把握“黄金时刻”

【要点解析】

拍摄风光短视频时，自然光线是必备元素，因此需要花一些时间去等待拍摄时机，抓住“黄金时刻”来拍摄。同时，还需要具备极强的应变能力，快速做出判断。当然，具体的拍摄时间要“因地而异”，没有绝对的说法，任何时间点都能拍出漂亮的短视频，关键就在于对风光的理解和时机的把握。

【操作技巧】

很多时候，画面光线的“黄金时刻”只有一两秒钟，需要在短时间内迅速构图并调整机位进行拍摄。因此，在拍摄风光短视频前，如果时间比较充足，可以事先踩点确认好拍摄机位，这样在“黄金时刻”到来时，不至于匆匆忙忙地再去做准备，如图 6–6 所示。

▲ 图 6–6　提前踩点确认拍摄机位

通常情况下，日出后一小时和日落前一小时是拍摄绝大多数风光短视频的“黄金时刻”，此时的太阳位置较低，光线非常柔和，能够表现出丰富的画面色彩，而且画面中还会形成阴影，更有层次感，如图 6–7 所示。

▲ 图 6–7　日落前的“黄金时刻”拍摄效果

当然，并不是说这个“黄金时刻”就适合所有的场景。如图 6-8 所示，这个短视频并非拍摄于日出日落的“黄金时刻”，而是在中午时分拍摄的，能够更好地展现青山绿水和蓝天白云的画面，因此中午就是这个场景的最佳拍摄时机。

▲ 图 6-8　中午时分拍摄的视频画面

☆专家提醒☆

拍摄短视频的同时也是光线的艺术表现，好的光线对于主题的表现和气氛的烘托至关重要，因此要善于在拍摄时等待和捕捉光线，让画面中的光线更有意境。

【实拍案例】

图 6-9 所示为太阳刚刚升起时拍摄的短视频，自然柔和的光线让画面呈现出一种经典的蓝色调效果，表达出宁静、遥远的画面感。

▲ 图 6-9　早晨拍摄的视频画面

图 6-10 所示为傍晚时分用无人机拍摄的戈壁风光短视频，在低角度的光线照射下，飞驰的越野车和光秃的山都产生了较长的阴影，为作品增加了趣味性和立体感。

▲ 图 6-10　戈壁风光短视频

实例 41

将空中的云彩作为地景的美妙对比物

【要点解析】

在太阳光线角度和取景位置的变化下，天空中的云彩也会呈现出不同的变化，如晴天时的蓝天白云、清晨时的朝霞和夕阳下的晚霞等，这些都是短视频中的美妙画面。

【操作技巧】

在实拍时，可以使用水平线或三分线构图，将天空中的云彩同时纳入风光画面中，并配合延时摄影的拍摄方式，使其与地景产生美妙的色彩和动静对比。

用户可以直接使用“延时摄影”模式拍摄，也可以先拍摄一段普通视频，然后使用剪映 App 进行后期加速处理，来制作延时视频，具体操作方法如下。

步骤 01 导入一个视频素材，在“剪辑”工具栏中点击“变速”按钮，如图 6-11 所示。

步骤 02 执行操作后，点击“常规变速”按钮，如图 6-12 所示。

扫码看教程

▲ 图 6-11　点击“变速”按钮

▲ 图 6-12　点击“常规变速”按钮

扫码看效果

步骤 03 弹出变速控制条，默认情况下是 1×，如图 6-13 所示。

步骤 04 向右拖曳红色圆环滑块，设置变速参数为 5.6x，进行加速处理，如

图 6-14 所示。

▲ 图 6-13　弹出变速控制条

▲ 图 6-14　设置变速参数

步骤 05 点击✓按钮确认操作，可以看到将近 1 分钟的视频被加速压缩为 11 秒，导出视频并播放，效果如图 6-15 所示。

▲ 图 6-15　预览制作的延时视频效果

【实拍案例】

图 6-16 所示为在蓝天白云的晴天下拍摄的云彩延时视频，由于天空中的云层比较厚，因此画面显得有些灰暗。

▲ 图 6-16　晴天拍摄的云彩延时视频

图 6-17 所示为在早上的晨光下拍摄的云彩延时视频，采用侧逆光的角度加强朝霞的色彩效果，画面感染力非常强。

▲ 图 6-17

▲ 图 6-17　早上拍摄的云彩延时视频

图 6-18 所示为在傍晚的霞光下拍摄的云彩延时视频，此时云彩的靓丽色彩可以为画面带来活力，同时使天空不再单调，而是变化无穷。

▲ 图 6-18　傍晚拍摄的云彩延时视频

实例 42 “前景 + 背景”让画面更有层次感

【要点解析】

拍摄风光短视频时，大家一定要多走多观察，找到最佳的拍摄角度，并给画面增加前景和背景，同时让主体在画面中错落分布，这样画面看起来会更有层次感。

【操作技巧】

例如，用树枝作为前景，置于画面的左上角或右上角，来限制天空背景中的留白区域，这样画面元素会更加丰富，视觉效果不至于太过单调、空旷，如图6–19所示。

▲ 图 6–19　用树枝作为前景

另外，如果选择在画面下方安排前景元素，可以借助道路、建筑、花海、草丛、水面、石头或山脉等作为前景，不仅可以增强风光视频的画面层次感，同时还能够引导观众的视线，起到形成前后对比和突出主体的作用。

【实拍案例】

如图 6-20 所示，在拍摄时降低取景角度以改变视角，将下方的建筑作为前景，将云雾作为背景，可以让画面的空间感更强烈，同时还能起到留白的作用。

▲ 图 6-20 “建筑前景 + 云雾背景”的拍摄效果

☆专家提醒☆

在较高的山坡上，常常可以看到云雾缭绕的奇景，气势凌人的山峰加上柔美迷幻的云雾，可以形成刚与柔、虚与实的对比，能够增强画面的视觉冲击力。在有阳光的情况下，可以对准云雾的最亮部位进行测光，切勿曝光过度。

如图 6-21 所示，将右下角的礁石作为前景，晚霞作为背景，能够增加画面的层次感和纵深效果，使其更有三维立体感，从而将观众的视线直接引入视频画面中。

▲ 图 6–21 “礁石前景 + 晚霞背景”的拍摄效果

实例 43 大胆带入人物点缀让风光更有灵魂

【要点解析】

如果只是单纯地拍摄风光短视频，画面看上去难免会令人乏味。但是，如果在画面中加入人物作为点缀，则作品仿佛有了灵魂一般，更容易让观众产生共鸣，同时有种身临其境的画面感。

【操作技巧】

在风光中带入人物，这也是笔者常用的一种短视频拍摄手法，这样做不仅能够很好地实现人物与风景的互动，同时渺小的人物还可以与宏大的风光场景形成大小对比，突出风光的气势，让视频画面更具视觉效果，如图 6–22 所示。

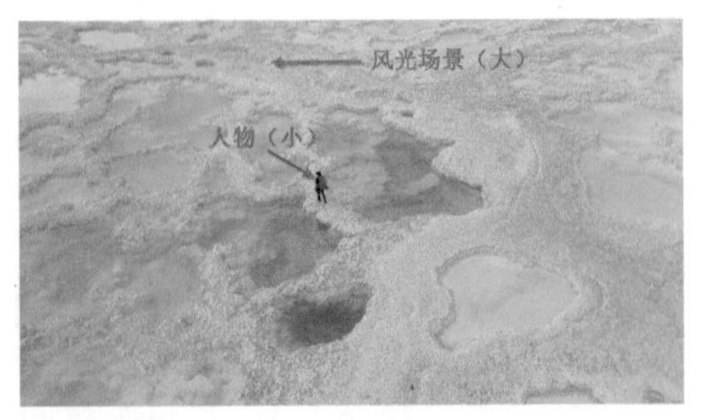

▲ 图 6-22　人物与风光形成大小对比

【实拍案例】

如图 6-23 所示，身穿红色衣服的人物行走在大片蓝绿色的风光场景中，显得特别惹眼，同时以人带景（将人物作为引导），让人物和风光融为一体，赋予画面更多的故事性。

▲ 图 6-23　在风光视频中"安插"人物为作品加分

实例 44

善用陪体呼应主体，让画面更均衡

【要点解析】

主体就是视频拍摄的主要对象，可以是人或者物体，视频的主题也应该围绕主体来展开。陪体不仅可以丰富画面，还可以更好地突出和衬托主体，让主体更加有美感。此外，陪体还可对主体起到解释说明的作用。

【操作技巧】

对于风光短视频来说，山水风光、日出日落、云雾风光、植物花卉及各种自然气象等都可以作为画面的主体，而陪体的选择则更加多样。有了陪体的点缀，风光画面会更加丰富，更有氛围感，同时还可以避免让视频画面显得空泛、无趣。下面介绍一些常用的陪体拍摄技巧，如图 6-24 所示。

▲ 图 6-24

▲ 图 6-24　使用陪体拍摄视频的图例说明

【实拍案例】

如图 6-25 所示，主体是山峰，陪体是雾气，主体与陪体相互交错、相互呼应、相互均衡，从而使视频画面的效果更加协调、完满。

▲ 图 6-25　山雾短视频

第 7 章

美食视频：展现食物不一样的美感

实例 45 拍摄美食视频前的准备有哪些

【要点解析】

很多人都想把美食视频拍得非常诱人，却不知道如何拍摄，拍出来的画面远没有达到自己想要的效果。其实，拍摄美食视频并不比其他类型的视频简单，而且前期还需要做大量的准备工作，如食材、器材及布光等。

【操作技巧】

拍摄美食短视频时首先要准备好食材，基本要求为“新鲜洁净，颜色艳丽”，这样的食材会更加上镜，如图 7–1 所示。同时，建议大家多备一些食材，多拍一些镜头进行筛选。

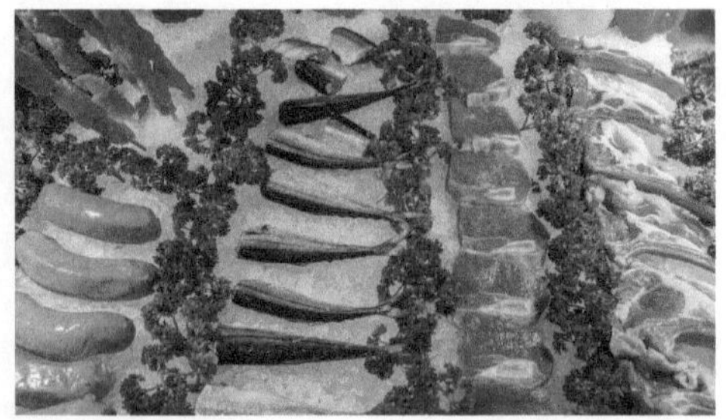

▲ 图 7–1　食材的准备

其次要准备好适合拍摄美食的器材设备，如单反相机、微距镜头、小摇臂和相机兔笼等。单反相机能够拍出品质更好的视频素材，同时还可以拍出虚化的背景效果。微距镜头则可以用来拍摄特写镜头，充分展现食材的形态和纹理。

小摇臂能够轻松控制镜头的景别，从不同角度捕获画面，如图 7–2 所示。相机兔笼则拥有非常丰富的外拓接口，可以加载稳定器、三脚架、上提手柄、麦克风、闪光灯、遮光罩、跟焦器及监视器等拍视频时需要用到的辅助配件，如图 7–3 所示。

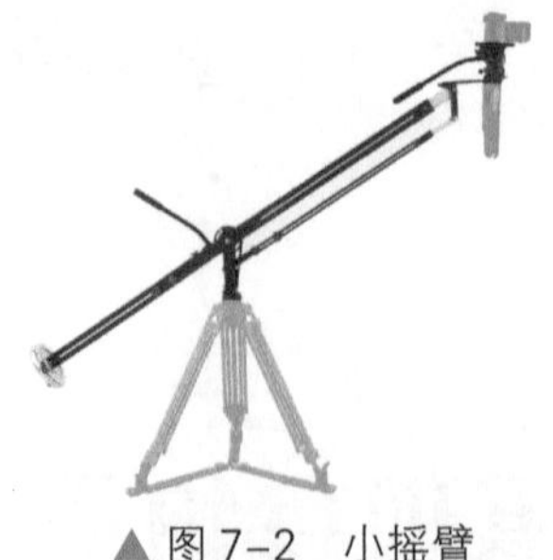

▲ 图 7–2　小摇臂

▲ 图 7–3　相机兔笼

最后是布光的准备，拍美食视频常用的光源类型为自然光，可以借助柔光片将直射光转换为散射光，营造出生动、自然的光线效果。

美食视频的主要布光方式为顺光、逆光或侧逆光，顺光可以表现出食材的独特质感和纹理，逆光或侧逆光则能够展现出食材的立体感。

【实拍案例】

如图 7-4 所示，在这种强烈的阳光下拍摄美食视频时，可以用桌布来放置食材，同时借助树叶来遮挡光线，对强光进行过滤，使光线变得软化、柔和，画面看上去会更加舒适。

▲ 图 7-4　借助树叶遮挡光线拍摄的美食视频

实例 46 表现食材的动态让画面变得更有趣

【要点解析】

可以用镜头充分展现食物的动态之美，拍出令人震撼的视频画面，增强对观众的吸引力。拍摄动态画面比静态画面更能彰显出生气和趣味，当然前提是这种动态具备一定的规律或技巧，而不是随意乱动。

【操作技巧】

要拍出食物的动态之美，主要有以下两种方法。

（1）拍摄动态的食材。很多食材本身具有运动的特点，如酒水、饮料或汤汁等液体状的食材，灰面、鸡精或白糖等细粒状的食材，以及热食上炸出的油脂和蒸腾的烟雾等，都可以用慢镜头来拍摄其动态细节，如图 7-5 所示。

❶ 煮开的汤汁，在锅中不断冒着泡

❷ 将酒水倒入杯中，同时跟着杯子摇晃

❸ 把白糖倒在糍粑上，显得更加美味

❹ 在炒菜的过程中，锅中冒起了熊熊火焰

▲ 图 7-5　拍出食材的动态画面示例

（2）采用运动镜头拍摄。借助镜头的运动，如推拉运镜、摇移运镜或甩动运镜等，将静态的食物拍出动态效果，如图 7–6 所示。

▲ 图 7–6　使用拉镜头的方式拍摄摆好的美食

【实拍案例】

如图 7–7 所示，这些视频片段都是趁着热食刚出锅时拍摄的，此时食物呈现出热气腾腾、活灵活现的感觉，为画面带来新鲜感，更能唤起观众对食物的食欲。

▲ 图 7–7　拍摄热气腾腾的美食视频片段

实例 47 近距离拍摄美食，拍出微距效果

【要点解析】

拍摄短视频时，要注意对细节进行刻画和描述，这样才能从不同的角度来展现相同事物的别样美感，从而帮助观众探索事物的未知美。这种方法特别适合拍摄食物的微小细节。

【操作技巧】

要拍出食物的局部特写，普通的广角镜头在靠近食物时很难聚焦，即使能够拍到细节也可能会产生严重的变形。因此，在拍摄美食短视频时，微距镜头不可或缺，如图 7-8 所示。

▲ 图 7-8 单反微距镜头（左）和手机微距镜头（右）

☆专家提醒☆

微距镜头可以按照一定比例的放大倍率放大被摄主体，同时会自动将无关的背景进行虚化处理，这是普通手机难以做到的。

当然，很多普通智能手机可能无法像单反相机那样通过调整镜头光圈和焦距来控制景深，但可以控制拍摄距离。手机镜头离美食主体越近，产生的浅景深效果越明显，可以使主体得到更好的展现，如图 7-9 所示。

▲ 图 7-9 不同距离拍摄的美食效果对比

【实拍案例】

图 7-10 所示为近距离拍摄的美食短视频片段，通过特写镜头可以更好地抓住美食的细节，让观众能够以微观的视角接触食物，画面更加令人回味。

▲ 图 7-10　美食特写短视频

实例 48 合理布光和布景凸显食材的质感和色彩

【要点解析】

日常生活中，色彩艳丽或色彩丰富的事物往往格外引人注目。同样，在拍摄美食视频时，有光泽感的美食更加吸引人，因此需要使用合理的布光和布景来凸显食材的质感和色彩。

【操作技巧】

食物的种类非常多，如蔬果类、肉类、面食类及烘焙类等。不同类型的食物具有不同的质感和风格，因此需要采用不同的光线和布景，从而拍出属于美食本身的意境。

（1）蔬果类：光线以柔和明亮的自然光为主，布景时可以选择选购食材的场景或者干净的纯色背景，这样更能拍出色泽鲜艳的画面效果，如图 7–11 所示。

（2）肉类：光线以暖光为主，布景时可以添加一些佐料作为背景，更能展现出肉类食品油亮的光泽和鲜美的肉质，如图 7–12 所示。

▲ 图 7–11　蔬果类拍摄示例

▲ 图 7–12　肉类拍摄示例

（3）面食类：光线以柔和的暖白色为主，布景时可以增加一些蔬菜作为点缀，让食物显得更加温暖，如图 7–13 所示。

（4）烘焙类：使用较为柔和的光线，同时用虚化的背景来展现细节，让甜食十分自然地散发出迷人的光彩，如图 7–14 所示。

▲ 图 7–13　面食类拍摄示例

▲ 图 7–14　烘焙类拍摄示例

【实拍案例】

如图 7–15 所示，拍摄的是帝王蟹的制作和试吃过程，选用自然光加暖光进行拍摄，搭配真实的制作场景，能够很好地还原食材本身的色彩和质感，不经雕琢却生动自然。

▲ 图 7-15　帝王蟹的制作和试吃短视频

实例 49 走进后厨，拍摄美食的制作过程

【要点解析】

将美食的制作过程拍摄成短视频，可以让画面更加细节化。把每一步都拍摄得十分清楚，能够让观众也参与到这个过程中，感受平凡生活中的乐趣。

静止的食物缺乏灵动，因此可以拍摄一些美食的制作过程，如洗菜、切菜、颠勺及装盘等画面，可以使整个视频显得更加生动，如图 7–16 所示。

▲ 图 7–16　拍摄美食的制作过程

【操作技巧】

在拍摄美食的制作过程时，可以拍摄正在烹饪的厨师，并尽量抓拍他们专注的神情和动作，突出厨师的专业性，如图 7–17 所示。

▲ 图 7–17　拍摄正在烹饪的厨师

另外，也可以截取手部的操作特写来拍摄，将美食的制作细节在视频中完整地呈现出来，如图 7–18 所示。

❶ 拍摄切菜的画面

❷ 拍摄切好菜后装盘的画面

❸ 拍摄腌制食材的画面

❹ 拍摄调配料理的画面

❺ 拍摄倒饮料的画面

❻ 拍摄烹煮食材的画面

▲ 图 7–18　拍摄美食制作过程的特写画面

【实拍案例】

如图 7–19 所示，拍摄的是一个法式大餐的制作过程短视频，基本采用特写镜头的拍法，捕捉最精彩的细节画面，让食物显得更加鲜活。

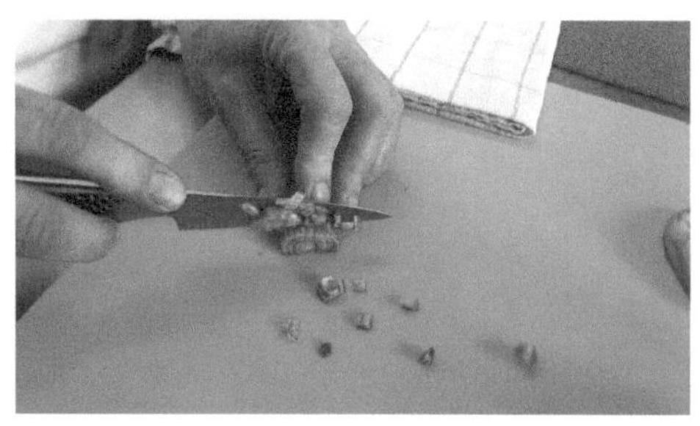

▲ 图 7–19

▲ 图 7–19　法式大餐的制作过程短视频

实例 50 给画面配上文案，更加一目了然

【要点解析】

在美食短视频的基础上，加上一些说明文字或“鸡汤”文案，告诉读者所拍摄的是什么食物，可以让短视频显得更加引人注目。

【操作技巧】

在这个碎片化的内容消费时代，没有特色的短视频可能在眨眼间就被观众刷下去了。因此，在制作美食短视频时，可以给其增加一些文案内容，帮助观众更加轻松、方便地理解短视频中所传达的信息。下面介绍几种美食短视频常用的文案类型，如图 7-20 所示。

❶ 中文 + 英文 + 底纹的标题文案

❷ 纯中文的美食名称文案

❸ “鸡汤”类型的文案

❹ 描述美食制作方法的文案

▲ 图 7-20　美食短视频常用的文案类型

【实拍案例】

如图 7-21 所示，拍摄的是一个边看玉龙雪山边吃火锅的短视频，采用“多类型的运镜 + 曲线变速处理”的拍摄方式，画面效果比较炫酷，同时搭配简洁的文字进行了聚焦表达。

▲ 图 7-21　玉龙雪山吃火锅的短视频

第 8 章

建筑视频：巧妙拍摄执掌空间之美

实例 51 寻找独特的角度拍摄建筑物

【要点解析】

建筑与其他类型的短视频题材的区别在于，它拥有更多的拍摄角度，如正面、背面、侧面及斜侧面等，而且各种角度下拍摄的建筑短视频会呈现出不同的画面效果。角度是指拍摄机位相对于主体的方位，不同的拍摄机位会让建筑主体产生不同的透视变形效果，同时也会影响建筑与周围环境的相对位置。

【操作技巧】

在拍摄建筑短视频前要多进行观察，可以围绕建筑走一圈，看看哪个角度最方便取景，同时又最能彰显建筑物的独特形式美感。下面介绍几个拍摄建筑短视频时常用的取景角度。

（1）正面角度：站在建筑物的正前方拍摄其正面，稳定感非常强，如图 8–1 所示。

（2）斜侧面角度：站在建筑物的侧前方拍摄，透视效果非常强，如图 8–2 所示。

▲ 图 8–1　正面角度拍摄效果

▲ 图 8–2　斜侧面角度拍摄效果

【实拍案例】

如图 8–3 所示，拍摄的是一个雪中的古建筑短视频，从不同的机位和角度进行拍摄，能够很好地将画面的立体感和空间感展示出来。在拍摄建筑时，如果拍摄距离非常近，则很难体现出画面的空间层次感。因此，可以利用拍摄距离的变化和拍摄角度的倾斜来增强画面的空间层次感。

▲ 图 8-3

▲ 图 8-3　古建筑短视频

实例 52

调整机位的高度拍摄城市全景

【要点解析】

在拍摄同一个建筑物主体时，有经验的摄影师往往能拍出更美的视频画面。因为他们总是或站着、或蹲着、或趴着、或躺着，非常努力地寻找最好的机位高度，以便拍出最美的视频画面效果。

拍摄角度包括多个方面的维度，如拍摄时的高度、方向及距离，这些维度不同，拍摄的视频画面效果也不一样。当然，要找到好的拍摄角度，需要多四处走走，并仔细观察和寻找，在那些不常去的空间中找到最佳角度。

【操作技巧】

就机位的高度而言，可以分为平拍角度、俯拍角度和仰拍角度 3 种类型，不同的机位高度也会让视频中的建筑物看起来不一样。

（1）平拍角度：平拍角度适合拍摄低矮的建筑、局部的细节及室内空间，画面景别通常不会太大，如图 8-4 所示。平拍角度的视频画面通常比较普通，因此在拍摄建筑时可以尽量采用斜侧面的角度，体现一定的空间感或立体感。

（2）俯拍角度：使用俯视角度拍摄建筑前，需要找到一个更高的建筑作为制高点，或者使用无人机进行高空俯视航拍，如图 8-5 所示。俯拍角度不仅能更好地展现地面上的各种建筑群，还可以将建筑物周围的环境纵深感表达出来，给人一种“一览众山小”的视觉感受。

❶ 平拍角度拍摄低矮的古建筑

❷ 平拍角度拍摄建筑的室内空间

▲ 图 8-4 平拍角度示例

❶ 在高楼上俯拍古镇建筑群

❷ 无人机 90° 角俯拍古镇建筑群

❸ “俯拍 + 推镜头”拍摄单个建筑

▲ 图 8-5 俯拍角度示例

（3）仰拍角度：在地面用仰视角度拍摄建筑，视频画面中的建筑看上去会更加高大，如图 8-6 所示。同时，仰视角度拍摄的建筑会形成明显的透视变形效果，即建筑主体的下面很宽，而上面却很窄，可以为画面带来一定的视频冲击感。

❶ 斜侧面仰拍单个高楼建筑

❷ 正面仰拍多个高楼建筑

▲ 图 8-6 仰拍角度示例

【实拍案例】

图 8-7 所示为使用“平拍角度 + 俯拍角度”相结合的方式拍摄的古建筑夜景短视频。先采用横移运镜平拍建筑的细节，然后切换为推镜头和环绕运镜的方式，俯拍建筑的远景和全景，从而拍出令人身临其境的画面感。

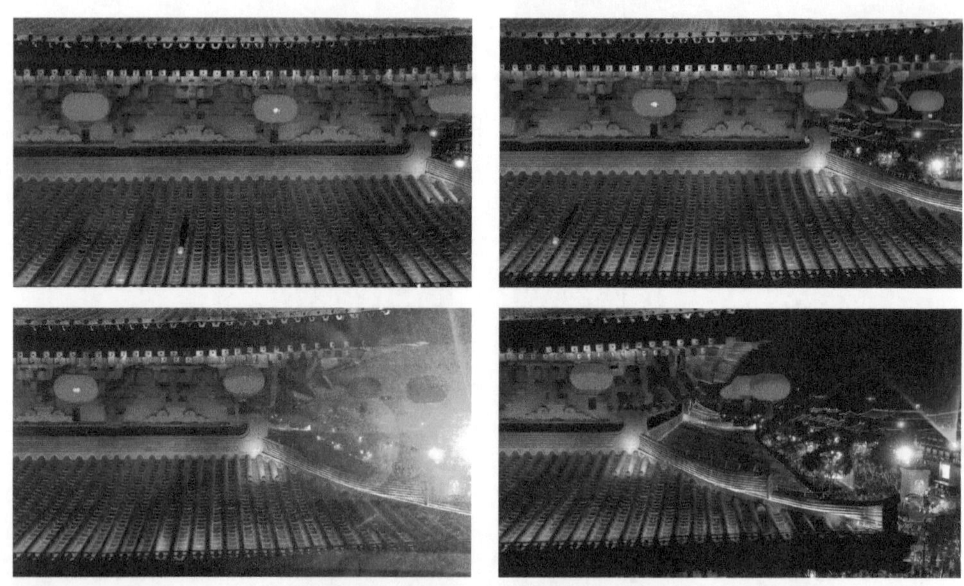

“平拍角度 + 横移运镜”：拍摄建筑的细节

“俯拍角度 + 推镜头”：拍摄建筑的远景

“俯拍角度 + 环绕运镜”：拍摄建筑的全景

▲ 图 8-7　古建筑夜景短视频

实例 53

努力寻找线条构造视觉冲击力

【要点解析】

点、线、面是建筑上最基本的构图元素。其中，线构图法中有多种不同的类型，如水平线、垂直线、斜线、重复线、曲线和反射线等，以及各种有形线条和无形线条等，但是它们有一个共同特点，即以线为构图原则。

【操作技巧】

不同的线条可以带来不同的视觉感受，如地平线和水平线可以让建筑群的视野显得更开阔，垂直线可以让高层建筑显得更高大，重复线则可以让建筑画面显得更工整，如图 8-8 所示。

❶ 水平线：表现平稳、宁静

▲ 图 8-8

❷ 垂直线：强调建筑物的高大

❸ 斜线：充满动感与活力

❹ 重复线：画面显得更加工整

❺ 曲线：展现建筑优美的外形

❻ 放射线：提升整体空间感

▲ 图 8-8　不同的线条具有不同的作用

☆专家提醒☆

放射线的主要特征是线条会从中心向外辐射，可使整个画面显得更加开阔。

【实拍案例】

图 8-9 所示为采用“延时摄影”模式俯拍的城市建筑群短视频，画面中的光影和色彩不断变化，让作品更具魅力。

▲ 图 8-9　城市建筑群短视频

上述视频中运用了多种线条形式，首先保持远景中地平线水平，使画面显得更宽广；然后，前景的高层建筑具有垂直线的特征，展现了一定的高度感；最后，弯曲的河道起到了引导视线的作用。

实例 54

利用透视表现出建筑的纵深感

【要点解析】

近大远小是基本的透视规律，透视构图可以增加视频画面的立体感。

视频画面中的不同物体由于距离镜头的远近不同，它们的相对大小也会产生变化，距离镜头越近的物体显得越大，距离镜头越远的物体显得越小，这种透视变化可以增加画面的空间感和纵深感。

【操作技巧】

在拍摄建筑短视频时，可以从斜侧面进行拍摄，或者利用道路和走廊等建筑结构，拍出透视构图的效果，让画面更具视觉冲击力。**想要引导观众按照什么样的顺序去观看视频，取决于拍摄时按照什么方向的透视线来构图，**如图 8-10 所示。

❶ 左双边透视构图

❷ 右双边透视构图

❸ 下双边透视构图

❹ 空间透视构图

▲ 图 8–10　建筑短视频的常用透视构图拍法

【实拍案例】

如图 8–11 所示，拍摄的是一个城市类的商业短视频，其中用到了空间透视和下双边透视等构图方式，增强了画面的纵深感。

❶ 空间透视构图：近处建筑显得更高大，远处建筑则显得更矮小，传达出强烈的空间纵深感

▲ 图 8–11

❷ 下双边透视构图：仰拍角度使高楼的边缘线逐渐聚拢，看上去更加高大、挺拔

❸ 下双边透视构图：交汇的道路线条增加了画面的空间纵深感

▲ 图 8-11 城市类的商业短视频

实例 55 拍摄建筑短视频时常用的光线

【要点解析】

在选择拍摄建筑视频的角度和机位高度时，用户还需要观察光源的方向，不同的光源方向会带来不同的成像效果。可以寻找和利用建筑环境中的各种光线，在镜头画面中制造出光影感，从而使短视频的效果更加迷人。

【操作技巧】

拍摄建筑短视频常用的光线有前侧光、逆光、顶光和夜晚的霓虹灯光等，下面通过图例介绍具体的拍法，如图 8-12 所示。

❶ 前侧光：建筑物背光面的一侧会产生阴影，能够突出建筑物的空间感和层次感

❷ 逆光：能够拍出建筑的剪影，更好地展现其外形轮廓，突出建筑的造型美感

❸ 顶光：来自正上方的顶光能够为建筑主体提供均匀且充足的光线，反映出建筑独特的形态美

❹ 霓虹灯光：在夜幕的衬托下，可以很好地表现建筑上的霓虹闪烁景象，使画面看起来更加亮丽

▲ 图 8-12　拍摄建筑短视频常用的光线

【实拍案例】

如图 8-13 所示，采用俯拍角度展现高楼林立的城市夜景风光，同时搭配朦胧的雾气和建筑上的各类霓虹灯光，更好地体现建筑的造型美感和高度感。

▲ 图 8-13　城市夜景风光短视频

图 8-14 所示为采用“延时摄影”模式拍摄的江景建筑短视频，从傍晚一直拍到天黑，可以领略不同光线条件下的江景建筑风光。

▲ 图 8-14　江景建筑短视频

☆专家提醒☆

傍晚时分，逆光下的建筑呈现出半剪影的状态，会在画面中留下大面积的阴影部分，给观众带来深沉和凝重的视觉效果；而天黑以后，建筑上亮起了各色霓虹灯光，画面的色彩层次瞬间丰富起来，极具视觉冲击力。

实例 56 利用长时间曝光拍出城市的动态美

【要点解析】

慢速快门是指将快门速度放慢，将曝光时间拉长，因此也称为长时间曝光，快门速度通常在 1/30 秒以下。使用慢速快门拍摄视频可以让主体显得十分具有动感，能使夜里飞奔的汽车的车灯在街道上留下一道道绚丽的光影。

【操作技巧】

拍摄慢门视频有 3 种操作思路，第 1 种是使用手机的慢门模式拍摄，并同时进行录屏，然后进行后期裁剪，即可得到完整的慢门形成过程的短视频。如华为手机的“流光快门”模式，其中包括“车水马龙”“光绘涂鸦”“丝绢流水”及“绚丽星轨”4 种不同类型的慢门模式，如图 8-15 所示。

▲ 图 8-15　华为手机的“流光快门”模式

第 2 种是使用具有慢门视频功能的相机直接进行拍摄。

以富士 xt3 相机为例，在“视频设置”界面中将“摄像压缩”设置为 ALL-I（全称为 ALL-Intra）；“摄像模式”设置为 [FHD]59.94P，如图 8-16 所示。然后将前拨轮设置成调节快门，即可在拍摄视频的同时调节快门速度，拍出慢门视频效果。

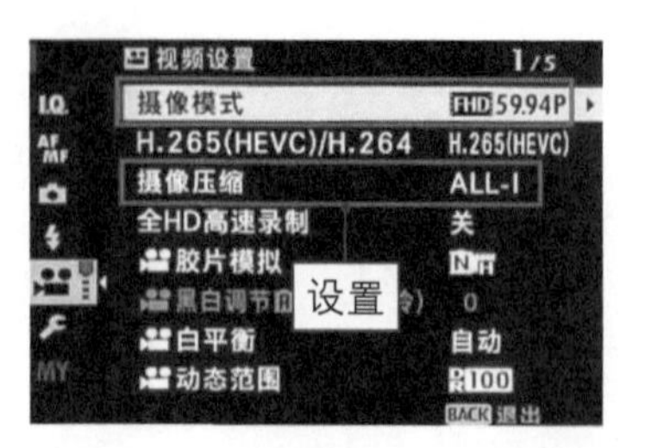

▲ 图 8-16 设置相机的视频参数

第 3 种方法是使用“延时摄影”模式拍摄城市的车水马龙，同样可以拍出类似慢门的效果，但光轨的线条没有使用慢门拍摄时那么明显，如图 8-17 所示。

▲ 图 8-17 “延时摄影”模式拍摄的城市车流效果

【实拍案例】

图 8-18 所示为使用俯拍角度拍摄的城市大桥风光短视频，同时通过“延时摄影”模式拍摄并加快视频的播放速度，使汽车上的灯光在镜头中形成了慢门的光轨流动效果，增强视频画面的动感。对于慢门建筑的拍摄方法，建议读者阅读《城市建筑风光摄影与后期全攻略》一书，其中有详细的讲解。

▲ 图 8-18　拍摄城市中的车流灯轨效果

实例 57

利用局部构图拍摄建筑的细节

【要点解析】

拍摄建筑短视频不同于常规的视频题材，一定要多观察、多思考，拍摄时要充分结合建筑周边的环境和元素，如水面的倒影、门窗的框架，以及周边的山水、植物、动物或人物等陪衬物，用以增强画面的美感或氛围。

对于一些局部细节表现比较突出的建筑物，可以使用特写镜头重点放大拍摄这些细节，使建筑短视频给观众留下更加深刻的印象。

【操作技巧】

在拍摄建筑的细节短视频时，除了使用变焦功能放大画面，长焦镜头也是不错的选择，利用它能够更好地对建筑局部进行特写拍摄，从而表现其质感特色。图 8-19 所示分别为单反相机和手机的长焦镜头。

▲ 图 8-19　长焦镜头

普通长焦镜头的焦距通常在 85mm ～ 300mm 之间，超长焦镜头的焦距能达到 300mm 以上，可以非常清晰地拍摄远处的物体，主要特点是视角小、景深浅、透视效果差，如图 8-20 所示。

▲ 图 8-20　使用长焦镜头将画面拉近拍摄

另外，也可以通过无人机靠近建筑，拉近放大画面拍摄建筑的局部效果，如图 8-21 所示。

▲ 图 8-21　使用无人机靠近拍摄建筑局部

建筑短视频的重点在于展现其艺术美感，可以拍摄建筑周边的优美风光，也可以拍摄建筑上的重复元素和独特细节，或者展现建筑与人的关系和文化内涵，以及从光影和线条等细节方面去刻画建筑的魅力。

【实拍案例】

如图 8-22 所示，在拍摄古建筑短视频时，可以将取景框重点放在建筑的屋檐、房门、窗户、围墙、砖块、柱子及其装饰等独特、精致的细节上，从而更好地展现其线条、形状、纹理和质感等特色。

▲ 图 8-22

▲ 图 8-22　古建筑短视频

实例 58

不可错过的建筑内景拍摄技巧

【要点解析】

当然，除了拍摄建筑的外部风光，也可以走进建筑内部去寻找独特的拍摄题材。不过，拍摄建筑的室内空间短视频并不容易，不仅要求拍摄者具备敏锐的局部观察能力，还需要擅长把控画面的整体影调，并能掌握精细的构图技能等。

【操作技巧】

要想拍好建筑室内空间的短视频，还需要掌握一些拍摄技巧。

（1）选取角度：从不同方位仔细观察室内空间的特点，找到最为合理的拍摄角度。如图 8–23 所示，对于这种线条比较多且结构规整的室内空间，采用正面平视角度拍摄能够带来一定的空间透视感。如图 8–24 所示，对于这种半圆形的房顶建筑，正面仰视角度拍摄会显得更有立体感、层次感。

▲ 图 8–23　正面平视角度

▲ 图 8–24　正面仰视角度

（2）寻找线条：抓住室内空间中的线条变化去拍摄，更能展现建筑的设计感。例如，建筑中的楼梯结构上就有非常丰富的线条，可以轻松拍出强烈的空间透视感，如图 8–25 所示。

❶ 从正面拍摄展现对称感

❷ 从侧面拍摄展现空间感

▲ 图 8–25　抓住楼梯上的线条拍摄短视频

（3）重复结构：在大型的建筑室内空间中，门、窗、桌椅、灯具、走廊及墙壁等重复结构的元素比较常见，拍摄短视频时可以利用这些元素拍出动静结合的画面效果，展现强烈的秩序感，如图 8–26 所示。

❶ 重复的走廊和墙壁等结构　　❷ 重复的灯具结构

▲ 图 8-26　重复结构拍摄示例

（4）灯光色彩：室内通常会有各种灯具，点亮后能够产生多变的色彩，不仅可以更好地表达情绪氛围，而且还能提升视频画面的质感，如图 8-27 所示。

❶ 暖橙色的灯光，彰显奢侈潮范　　❷ 紫色的灯光，凸显浪漫梦幻的氛围

▲ 图 8-27　灯光色彩拍摄示例

（5）门窗光影：门窗是室内最为常见的建筑元素，因此可以寻找一些有特色的门窗来拍摄，同时结合光线的投影，更容易拍出情感和故事性，如图 8-28 所示。

❶ 拍摄窗户的投影，带给观众更多想象空间　　❷ 拍摄大门的投影，恍惚间有一种与世隔绝的感觉

▲ 图 8-28　门窗光影拍摄示例

【实拍案例】

如图 8–29 所示，采用“一镜到底 + 跟随运镜”的拍摄方式，拍摄从刷卡开门进入房间，再到穿过客厅，然后走向阳台，最后镜头跟随人物的视线推向远处的雪山，画面整体非常连贯。同时，在后期处理时剪辑一个最精彩的画面作为片头，让镜头的起幅和落幅前后呼应。

▲ 图 8–29　一镜到底从室内透过阳台拍到室外

第 9 章

星空视频：记录星星与银河的变化

实例 59 拍摄闪闪发光的满天繁星

【要点解析】

星空摄影也属于风光摄影的一种，是指天黑后，用单反相机、手机及相关摄影设备来记录天空与地面的景象，如月亮、星星和行星的运动轨迹，以及银河、彗星或者流星雨在星空中的移动变化。

其中，星星是指在夜晚的天空中闪烁发光的天体，拍星空短视频与其他题材最大的不同在于拍摄时间上，一般的风光短视频可以在白天拍摄，不管是阴天、雨天还是晴天，都可以拍风光片。但星空短视频只能在夜晚拍摄，而且还要天气晴朗、没有月光的干扰，夜深人静时，正是拍摄星空的最佳时间。所以拍星空短视频能够很好地考验人们的身体素质，要能吃苦、能熬夜、能经得住寒冷和等待。

【操作技巧】

下面简单介绍一下拍摄星空延时视频的方法。

（1）选择合适的天气出行：在拍摄星空前规划时间时，一定要用手机 App 提前查看拍摄当天的天气情况，选择天气晴朗的时候出行。

（2）避开城市光源的干扰：拍摄星空素材需要长时间的曝光，如果有光源干扰，拍摄出来的片子基本上不能用，所以要寻找没有光源的地方进行拍摄。

（3）准备好拍摄器材设备：必带设备包括相机、镜头、三脚架、除雾带及内存卡等，辅助设备包括赤道仪、指星笔、全景云台、无线快门线、柔焦镜、头灯及氛围灯等。注意，需要多备几块相机电池，因为夜间寒冷，电池在寒冷的环境下放电会比较快。

（4）设置相机的各项参数：ISO、快门和光圈这 3 个参数要相互结合进行设置，而且每更换一个参数，都要测光实拍，这样才能根据环境光线找到最适合的曝光参数组合。

（5）选择恰当的前景对象：拍摄星空素材时，一定要选择适当的前景对象作为衬托。如果单纯拍摄天空中的星星，画面感与吸引力都是不够的，必须要有地景和前景对象的衬托，才能体现出整个画面的意境，如图 9-1 所示。

▲ 图 9-1　选择山脉作为星空的前景

（6）对星空进行准确对焦：在手动对焦（MF）模式下，将对焦环调到无穷远∞的状态，再往回拧一点，在相机上按【LV】键，切换为屏幕取景，然后找到天空中最亮的一颗星星，框选放到最大，最后扭动对焦环，让星星变成星点且无紫边的情况下，即可对焦成功。

（7）设置间隔拍摄功能：使用相机中的间隔拍摄功能，自动拍摄上百张星空照片，然后将这些星空照片素材叠加成动态的视频。下面以尼康 D850 相机为例，介绍设置相机间隔拍摄的方法。

步骤 01 按相机左上角的【MENU】（菜单）键，进入“照片拍摄菜单”界面，通过上下方向键选择“间隔拍摄”选项，如图 9-2 所示。

步骤 02 按【OK】键，进入“间隔拍摄”界面，选择“间隔时间”选项，如图 9-3 所示。

步骤 03 按【OK】键确认，进入“间隔时间”界面，在其中设置“间隔时间”为 32 秒 / 张，如图 9-4 所示。

步骤 04 按【OK】键确认，返回“间隔拍摄”菜单，选择“间隔 × 拍摄张数 / 间隔”选项，如图 9-5 所示。

步骤 05 按【OK】键确认，进入相应界面，通过上下方向键设置照片的拍摄张数为 300 张，如图 9-6 所示。

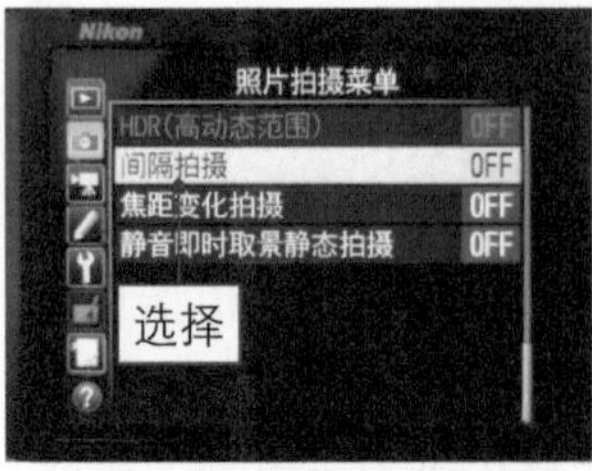

▲ 图 9-2　选择“间隔拍摄”选项

▲ 图 9-3　选择“间隔时间”选项

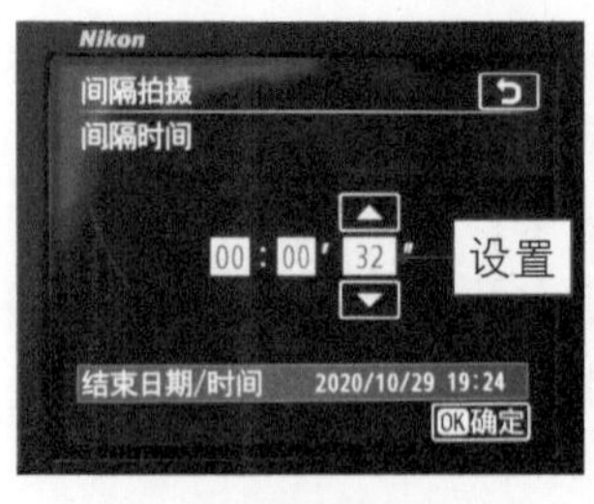

▲ 图 9-4　设置“间隔时间”为 32 秒 / 张

▲ 图 9-5　选择“间隔 × 拍摄张数 / 间隔”选项

步骤 06 按【OK】键确认，返回“间隔拍摄”菜单。各选项设置完成后，选择“开始”选项，如图 9-7 所示，按【OK】键确认，即可开始以间隔拍摄的方式拍摄 300 张星空照片。

▲ 图 9-6　设置照片拍摄张数

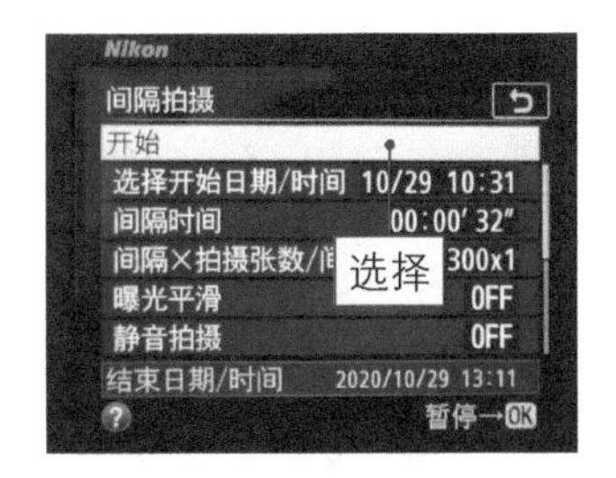

▲ 图 9-7　选择“开始”选项

☆专家提醒☆

要查看一款相机是否具有“间隔拍摄”功能，需要在相机的【MENU】菜单的设置界面中，查看一下自己的相机是否有这个功能，如果没有这个功能，就需要购买快门线来设置间隔拍摄的参数。

（8）关闭降噪功能：关闭相机上的“长时间曝光降噪”功能，否则每拍一张照片就会进行长时间的曝光降噪，一是会浪费相机的电量，二是延长了每张照片的拍摄时间。设置方法很简单，按相机左上角的【MENU】（菜单）键，进入“照片拍摄菜单”界面，通过上下方向键选择“长时间曝光降噪”选项，如图 9-8 所示。按【OK】键，进入“长时间曝光降噪”界面，选择“关闭”选项，如图 9-9 所示，即可关闭“长时间曝光降噪”功能，按【OK】键即可完成操作。

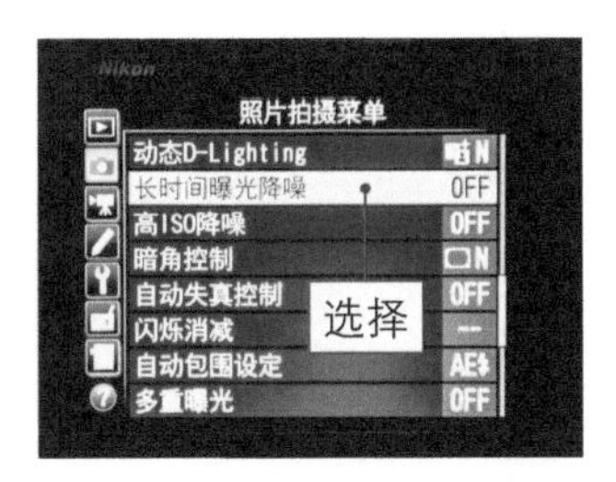

▲ 图 9-8　选择“长时间曝光降噪”选项

▲ 图 9-9　选择“关闭”选项

（9）开始拍摄照片：设置好拍摄参数及间隔张数后，接下来就可以按下相机的快门，开始拍摄多张星空照片了。拍摄完成后，将照片复制到计算机中，开始进行延时视频的后期处理操作，具体操作方法见实例 64，此处不再赘述。

【实拍案例】

图 9-10 所示为在川西地区拍摄的星空延时短视频，满天繁星闪闪发光，照亮着整个大地，地景的层次感使画面更具吸引力。

▲ 图 9-10　星空延时短视频

实例 60 拍出动感酷炫的星轨视频

【要点解析】

星轨，按照字面意思来说，就是星星移动的轨迹。星轨其实是地球自转的一种反射，是在相机或手机长时间曝光的情况下，拍摄出地球与星星之间由于地球自转产生相对运动而形成的轨迹。使用相机拍摄星轨时，相机位置是不变的，而星星会持续不断地与地球产生相对位移，随着时间的流逝，就会形成星星移动的轨迹。

【操作技巧】

与拍摄星星照片不同，拍摄星轨必须先找到北极星的位置，将北极星放在画面的中心位置上，然后再开始拍摄星轨，这样拍摄出来的画面更具吸引力。图 9-11 所示为使用星空地图 App 寻找到的北极星位置。

确定了北极星的方位后，接下来一定要选好拍摄位置，地面最好是平坦的、无坑的地方，而且要选好前景，如果只是单纯地拍摄星空中的星轨，没有前景的衬托，那么这张照片是不够具有吸引力的。所以，挑选拍摄地点时，安全性与前景的美观性同样重要。

找到好的位置后，打开相机并设置拍摄星轨的曝光参数和间隔拍摄的时间，自动拍摄上百张星轨照片，相机在拍摄照片的同时，还可以干其他工作。

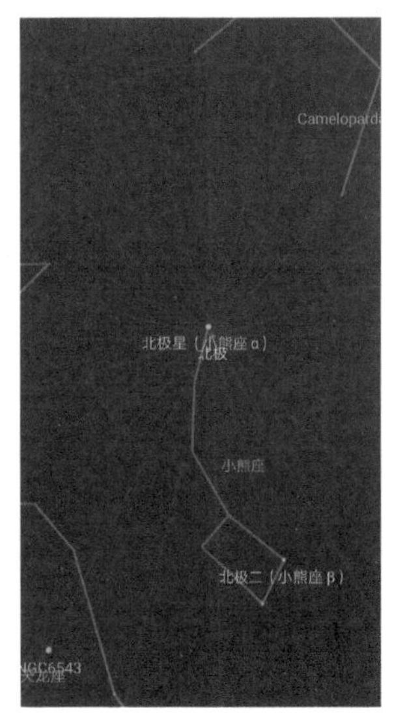

▲ 图 9-11　星空地图 App

【实拍案例】

图 9-12 所示为以间隔拍摄的方式，拍摄 500 张星空照片后合成的星轨延时视频，星星移动的轨迹每一条都清晰可见。由于相机是不动的，因此山坡和前面的树枝都是静态的，只拍摄出了星星移动的轨迹。

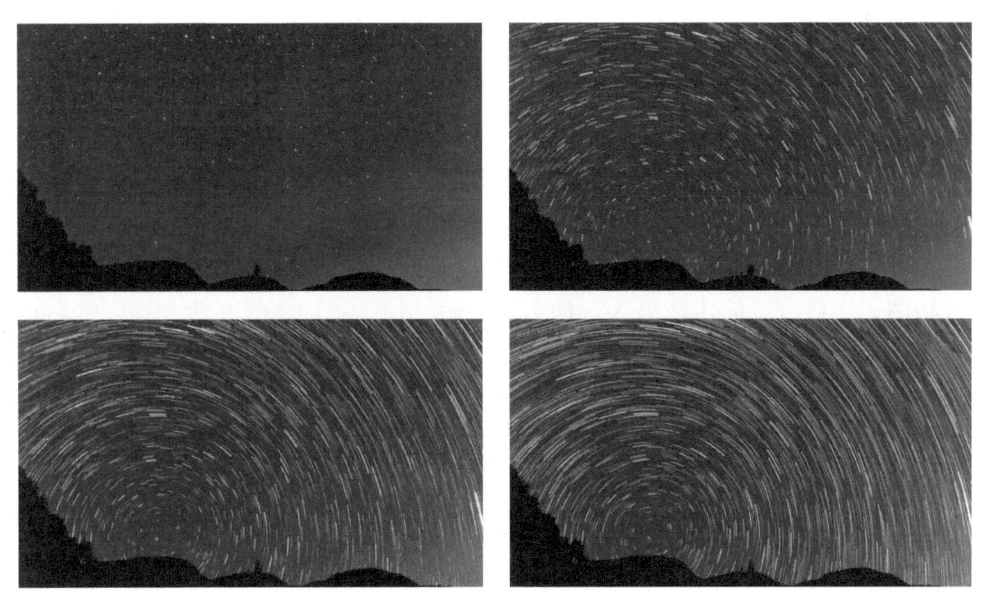

▲ 图 9-12

▲ 图 9-12　星轨延时短视频

实例 61 感受银河的升起与降落

【要点解析】

银河是天空中横跨星空的一条形似拱桥的乳白色亮带，它在天空中勾画出一条宽窄不一的带，称为银河带。银河在天鹰座与天赤道相交的地方，位于北半球，只有在天气晴朗的夜晚才能看得到天空中的银河，而且要远离城市，在没有光源干扰的环境下，才能清楚地欣赏到银河的美景。

【操作技巧】

拍摄银河素材之前，需要做一些准备工作，比如提前预测天气情况、提前确定银河的方位，以及选择一个好的前景等。

（1）提前预测天气情况：星空摄影对于天气的要求非常高，天空必须无云或者少云，空气质量要通透。常用的气象软件包括 Meteoblue 和 Windy 两款，在手机应用市场中搜索即可安装，也可以在计算机中直接登录网站查询。

（2）提前确定银河方位与角度：这样做可以方便摄影者寻找前景，对画面进行构图。用户可以使用巧摄 App 搜索并下载拍摄地点的离线海拔数据，查询银河的取景效果和运动轨迹。

（3）选择一个好的前景与机位：如果单纯拍摄天空中的银河，画面的吸引力不强，除非用“中长焦镜头 + 赤道仪”跟踪拍摄银河的特写，比如调色盘星云。找到一个好的前景，再加上拍星的环境足够好，就能事半功倍。

（4）关闭相机的所有防抖功能。在拍摄银河拱桥时，不管是机身的防抖功能还是镜头的防抖功能，都要全部关闭。因为已将相机架在三脚架上面进行拍摄，得到的画面本身就很稳定，无须再使用防抖功能。

（5）拍摄照片并进行后期合成：设置好相机的曝光参数，准确对焦后，即可开始拍摄单张银河照片。

【实拍案例】

图 9-13 所示为在雅哈垭口拍摄的银河拱桥作品，可以银河拱桥拍摄得非常完整，细节也非常漂亮，银河横跨在雪山之上，大气而震撼。

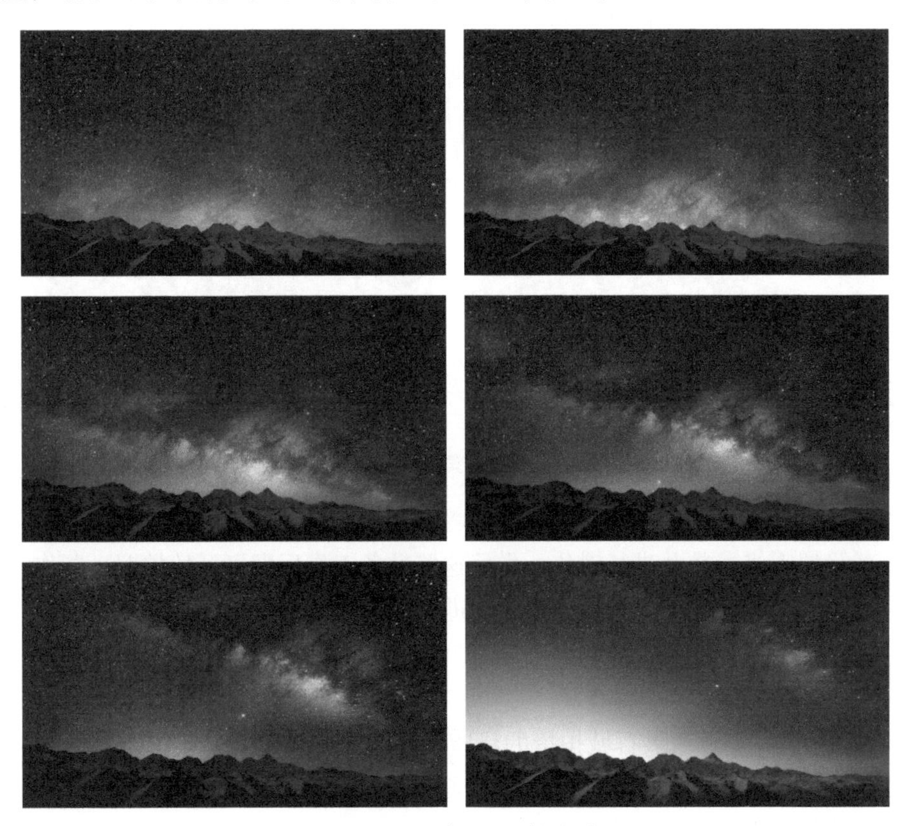

▲ 图 9-13　银河延时短视频

实例 62 拍出更能震撼心灵的星座

【要点解析】

星座是指天空中位置相近的恒星组合，按空中恒星的自然分布划成的区域，每个区域称为一个星座，用线条连接同一星座内的亮星，可以形成各种图案，如天蝎、猎户、金牛、白羊及狮子等。

【操作技巧】

拍摄星空时，首先拍的是银河，因为它是夜空中的主体。当完成银河拍摄后，还可以对夜空中的一些星座进行单独拍摄，如天蝎座、猎户座、英仙座及人马座等。拍摄星座的前期准备工作与拍摄银河类似，在拍摄之前，主要是找准星座的位置，可以通过 StarWalk 或者星空地图 App 来寻找星座的方位。

拍摄星空素材时，需要进行长时间曝光拍摄，所以在拍摄之前，首先要选择一个安全的位置来设置机位，如图 9-14 所示。

▲ 图 9-14　选择安全的位置设置机位

然后架稳三脚架，安装好赤道仪并将相机架在它上面，进行取景构图，接下来开始设置曝光参数并进行对焦。做好这些准备工作后即可开始拍照。制作一个星座延时视频，同样需要拍摄多张照片进行后期合成。

【实拍案例】

图 9-15 所示为在黑石城拍摄的星座延时短视频，这里是拍摄贡嘎落日与绝美星空的最佳位置，画面中不仅可以看到繁星闪烁的星空美景，而且下方还能隐约看到雅拉和折多等几座著名雪山。

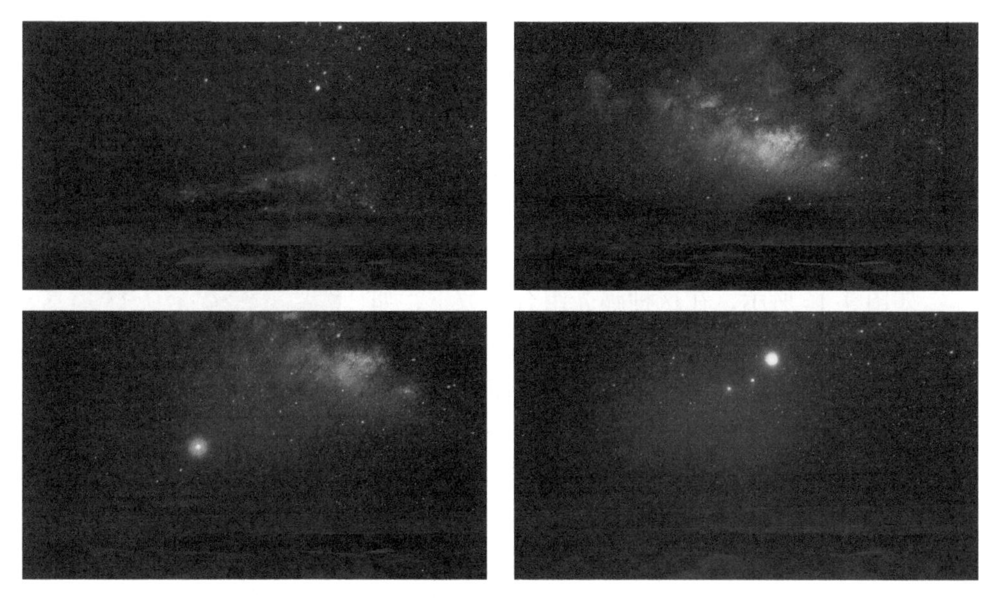

▲ 图 9-15　星座延时短视频

实例 63 拍摄万箭齐发的流星雨

【要点解析】

流星是夜空中发射出来的一种天文现象，是宇宙中的流星体碎片，以极快的速度投射进入地球大气层。在晴朗的夜晚，有时也能看到一条明亮的光芒划破夜空，这就是大家所见过的流星现象。

【操作技巧】

北半球有 3 大流星雨，分别是象限仪座流星雨、英仙座流星雨和双子座流星雨。象限仪座流星雨的流量很大，高峰期在每年的 1 月 3 日左右，每小时的流星数为 120 颗左右，亮度较高。英仙座流星雨的高峰期在每年的 8 月 13 日左右，每小时的流星数为 100 颗左右。双子座流星雨的高峰期在每年的 12 月 13 日左右，每小时的流星数为 120 颗左右。这 3 大流星雨是星空摄影师们拍摄最多的，流星数量也是最大的。

除了这 3 大流星雨，还可以在巧摄 App 中查看其他流星雨的高峰时间、亮度指数、每小时流星数及方位角等信息，从而精准掌握流星雨的高峰期。同时，大家还可以使用巧摄、StarWalk 或者星空地图等 App 来查看星座或流星雨的具体位置。

拍摄流星与平常拍摄银河星空不同，因为它转瞬即逝，很多流星在天空中出现的时间都小于 1 秒，所以它的有效曝光时间大部分都低于 1 秒。因此，感光度设置不要低于 3200，光圈设为 F/2.8 或以上，曝光时间控制在 10 ～ 30 秒之间即可，间隔时间比曝光时间多设 1 ～ 3 秒。

如图 9-16 所示，在这种曝光组合参数下，如果画面还是有点偏暗，可以再稍微调高一点快门速度或者感光度，使画面能达到一个正常的曝光即可。

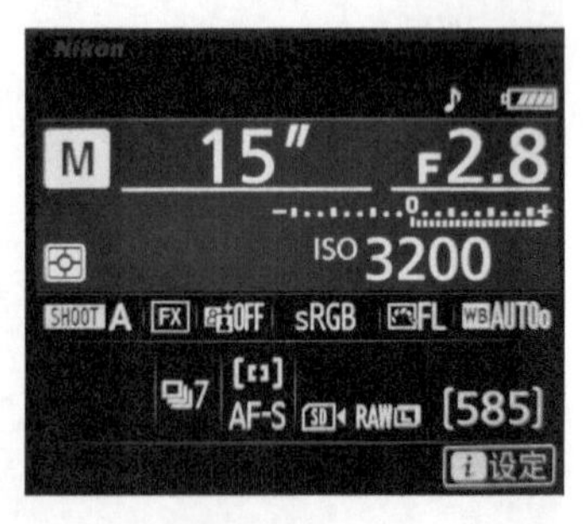

▲ 图 9-16　拍摄流星雨的曝光组合参数

拍摄流星雨时，通常不使用赤道仪，也可以用赤道仪跟踪辐射点抓取流星。使用固定机位连续拍摄几百张照片来抓取流星，其实就是星空延时摄影的一种拍摄方式，只需要设置好单张的参数即可，然后再通过后期叠加将其合成为一个流星雨延时短视频。

☆专家提醒☆

不推荐使用“高感光度 + 短曝光”的方式来抓拍流星，使用正常的曝光连续拍几个小时即可，这样拍出来的素材也可以合成星空延时视频。

【实拍案例】

图 9-16 所示为在玉龙雪山拍摄的双子座流星雨延时视频，这个视频前期经过了 5 个小时的拍摄，将镜头取景框中的所有流星都记录下来，后期剪辑和渲染用了将近 8 个小时才完成，将 1200 张照片制作成 20 秒的短视频，带领大家领略浪漫无比的双子座流星雨。

▲ 图 9–17　双子座流星雨延时视频

☆专家提醒☆

如果只是单纯地追求拍摄流星，可以尝试“高感光度 + 短曝光”的方式，将曝光时间控制在 5 ～ 10 秒之间，ISO 设置为 8000 ～ 25600 之间，具体参数根据环境光线而定。抓拍流星时，建议架两台以上的相机，尽量多拍摄辐射点周围的区域。

实例 64 星空延时视频的后期处理

扫码看教程

扫码看效果

【要点解析】

前面介绍了几大类型的星空视频素材拍摄技巧，拍好素材后，即可通过后期软件对这些素材进行合成处理，将其导出为视频格式。要将拍好的星空照片制作成延时视频，需要用到一些后期剪辑软件，如 Final Cut Pro（苹果计算机）、Adobe Premiere（Windows 计算机）或者剪映 App（安卓手机）等。

【操作技巧】

下面以 Adobe Premiere 软件为例，介绍将照片合成为延时视频的操作方法。

步骤 01　打开 Adobe Premiere 应用程序，单击“新建项目”按钮，创建一个

项目文件，选择“文件”|“新建”|“序列”命令，弹出“新建序列”对话框，❶ 在其中设置相应选项；❷ 设置完成后单击“确定”按钮，如图 9-18 所示。

步骤 02 新建一个序列文件，在“项目”面板的空白位置上单击鼠标右键，在弹出的快捷菜单中选择“导入”命令，如图 9-19 所示。

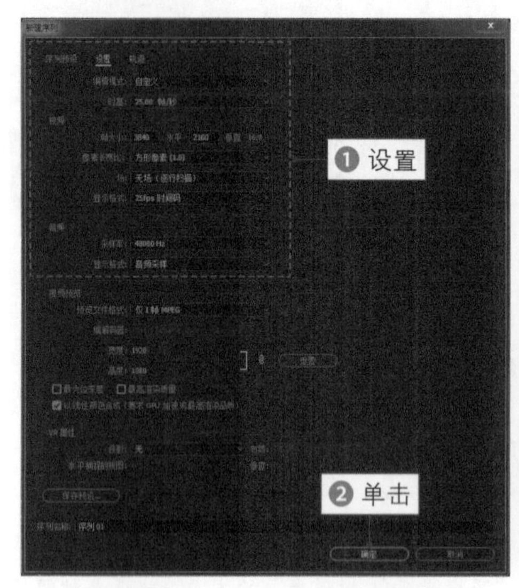

▲ 图 9-18　设置各选项及参数

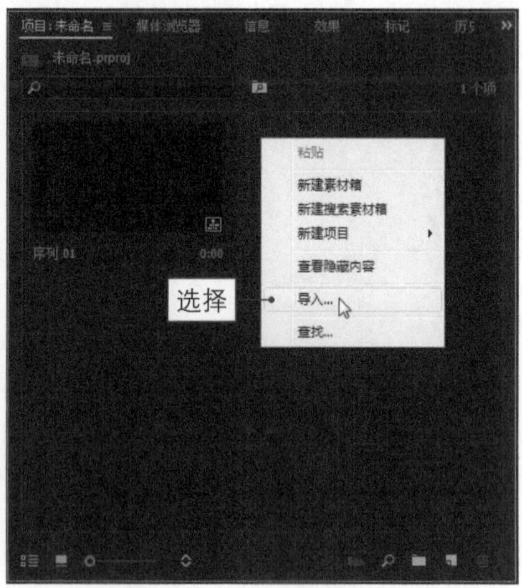

▲ 图 9-19　选择“导入”命令

步骤 03 弹出“导入”对话框，在其中选择星空照片素材所在的文件夹，❶ 选择第 1 张照片；❷ 选择左下角的“图像序列”复选框；❸ 单击“打开”按钮，如图 9-20 所示。

步骤 04 执行操作后，即可以序列的方式导入照片素材，在“项目”面板中可以查看导入的序列效果，如图 9-21 所示。

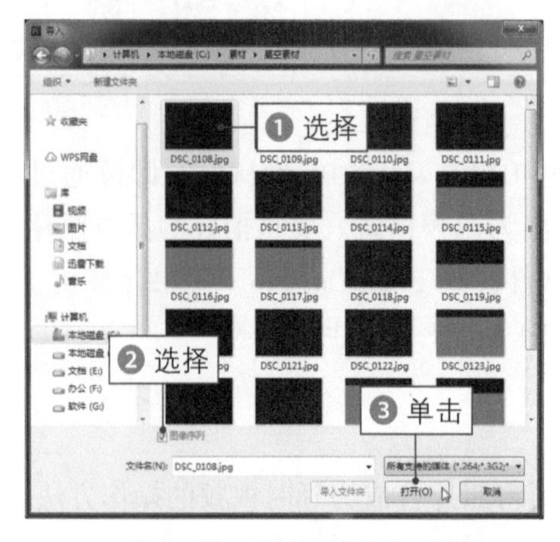

▲ 图 9-20　单击“打开”按钮

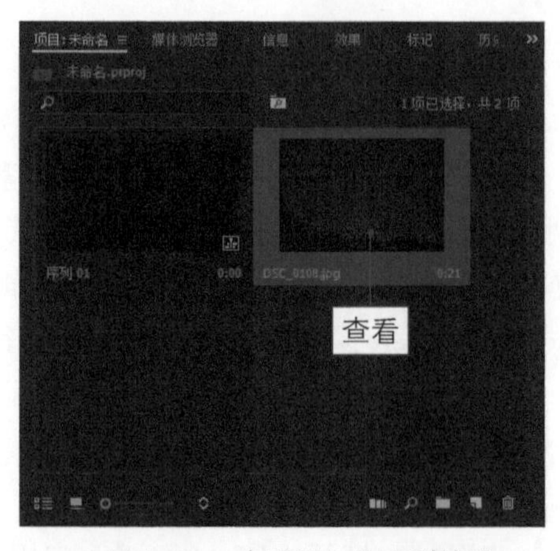

▲ 图 9-21　查看导入的序列效果

步骤 05 将导入的照片序列拖曳至“时间轴”面板的 V1 轨道中，此时会弹出信息提示框，提示剪辑与序列设置不匹配，单击“保持现有设置”按钮，即可将序列素材拖曳至 V1 轨道中，如图 9-22 所示。

步骤 06 打开“效果控件”面板，设置“缩放”为 65.0，如图 9-23 所示。

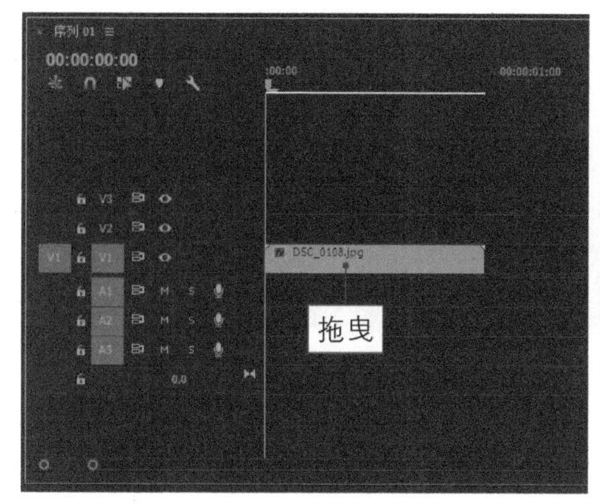

▲ 图 9-22 将序列素材拖曳至 V1 轨道中

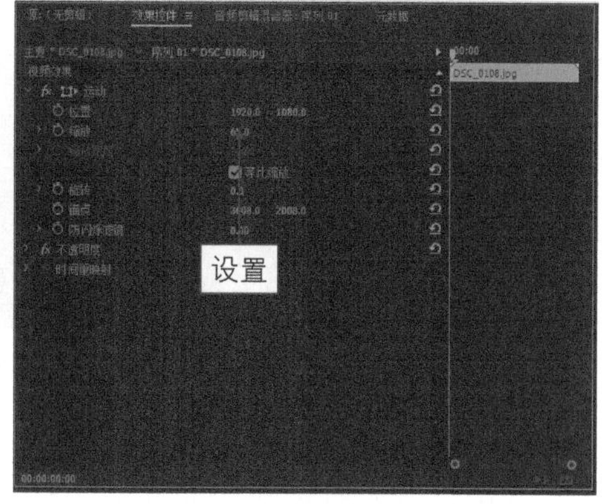

▲ 图 9-23 设置“缩放”选项

步骤 07 按【Enter】键确认，即可缩小素材尺寸，在节目监视器中可以查看完整的素材画面，如图 9-24 所示，看到的效果就是输出后的视频画面尺寸。

▲ 图 9-24 查看完整的素材画面

步骤 08 接下来导出延时视频。在菜单栏中选择“文件”|“导出”|“媒体”命令，弹出“导出设置”对话框，单击“输出名称”右侧的“序列 01.mp4”文字链接，如图 9-25 所示。

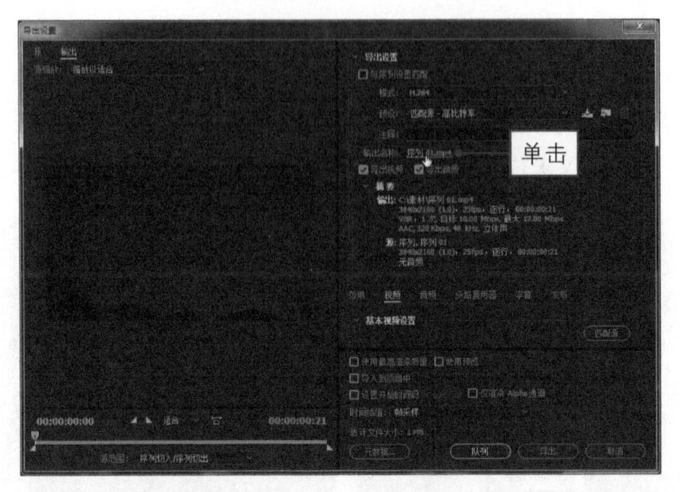

▲ 图 9-25　单击“序列 01.mp4”文字链接

步骤 09 弹出“另存为”对话框，❶ 在其中设置延时视频的文件名与保存类型；❷ 单击“保存”按钮，如图 9-26 所示。

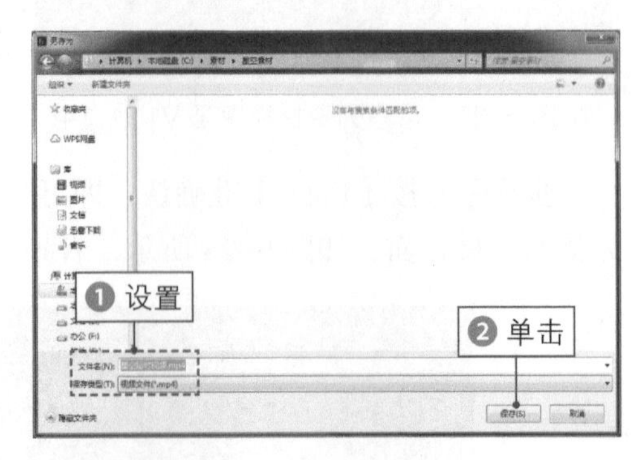

▲ 图 9-26　单击“保存”按钮

步骤 10 返回“导出设置”对话框，即可查看更改后的视频名称。在下方的“设置”选项卡中，可以设置视频的输出选项，确认无误后，单击“导出”按钮，如图 9-27 所示，即可开始导出延时视频文件。

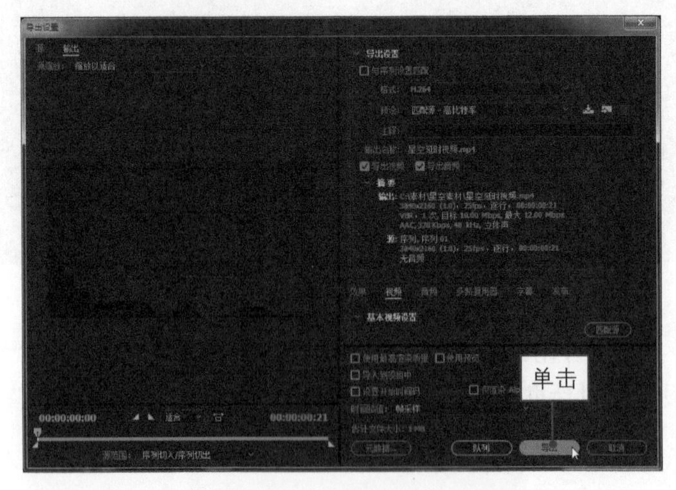

▲ 图 9-27　单击“导出”按钮

【实拍案例】

图 9-28 所示为在甘孜拍摄的星空照片素材，后期合成为斗转星移的延时视频，不仅可以看到星空银河，还能看到转瞬即逝的流星雨。共使用 100 张照片，制作成一个时长 4 秒的延时视频，一张照片素材对应视频的一帧，每一秒是 25 帧。

▲ 图 9-28　星空延时视频

第 10 章

剪映后期：使用 App 剪辑视频大片

实例 65 对短视频进行剪辑处理

扫码看教程

首先在剪映 App 中导入拍好的短视频素材，然后对其进行变速处理，适当缩短视频的总时长，具体操作方法如下。

步骤 01 在剪映 App 主界面点击"开始创作"按钮，如图 10-1 所示。

步骤 02 进入"照片视频"界面，选择拍好的多个视频素材，如图 10-2 所示。

步骤 03 点击"添加"按钮，导入视频素材，如图 10-3 所示。

步骤 04 ❶ 选择第一个视频素材；❷ 点击"变速"按钮，如图 10-4 所示。

▲ 图 10-1 点击"开始创作"按钮

▲ 图 10-2 选择多个视频素材

▲ 图 10-3 导入视频素材

▲ 图 10-4 点击"变速"按钮

步骤 05 执行操作后，点击"常规变速"按钮，如图 10-5 所示。

步骤 06 拖曳红色圆环滑块，调整变速为 1.9×，如图 10-6 所示。

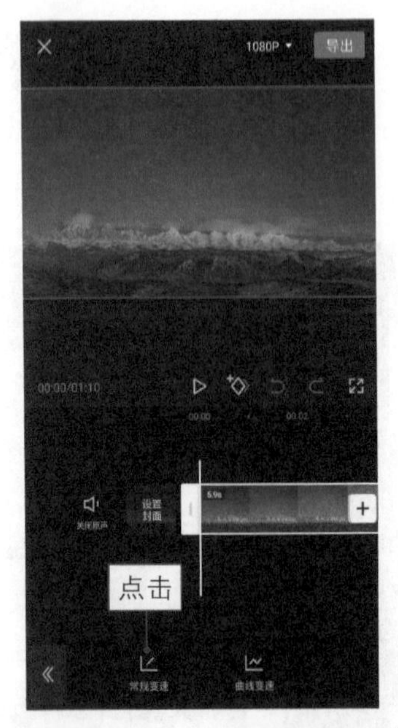

▲ 图 10-5　点击“常规变速”按钮

▲ 图 10-6　调整变速为 1.9x

步骤 07 ❶ 选择第二个视频素材；❷ 调整变速为 6.6x，如图 10-7 所示。

步骤 08 采用同样的操作方法，❶ 调整其他视频素材的播放速度；❷ 点击 ✓ 按钮确认变速调整操作，如图 10-8 所示。

▲ 图 10-7　调整变速为 6.6x

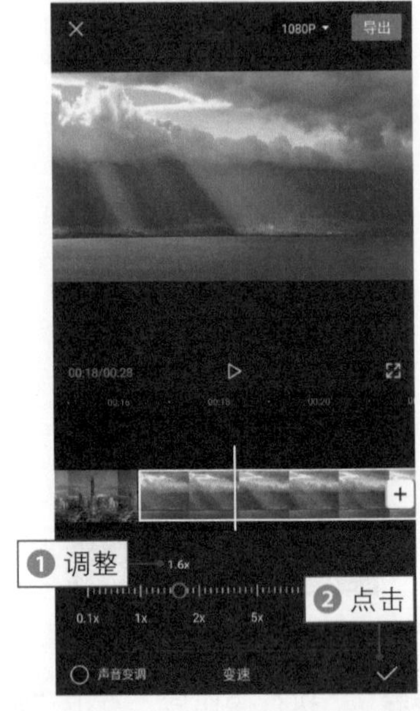

▲ 图 10-8　调整其他视频的变速参数

实例 66
为短视频添加片头效果

扫码看教程

本例主要运用剪映 App 的“特效”功能，为视频添加一个电影开幕的片头效果，为观众开启一个全新的观影体验。

步骤 01 返回主界面，点击“特效”按钮，如图 10-9 所示。

步骤 02 执行操作后，打开“热门”特效窗口，如图 10-10 所示。

步骤 03 ❶ 切换至“基础”选项卡；❷ 选择“开幕”特效，如图 10-11 所示。

步骤 04 添加“开幕”特效轨道，适当调整其持续时间，如图 10-12 所示。

▲ 图 10-9　点击“特效”按钮

▲ 图 10-10　“热门”特效窗口

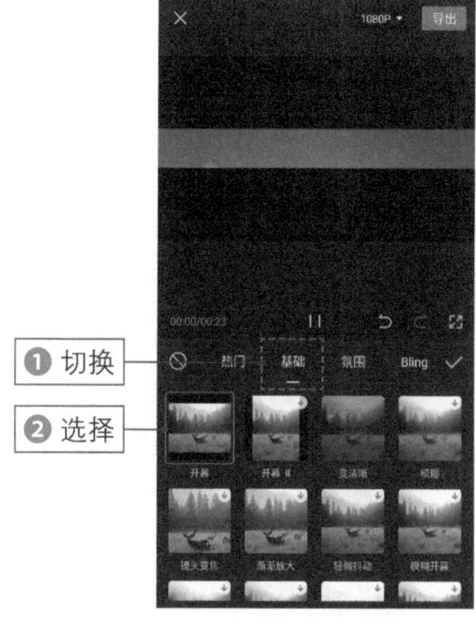

▲ 图 10-11　选择“开幕”特效

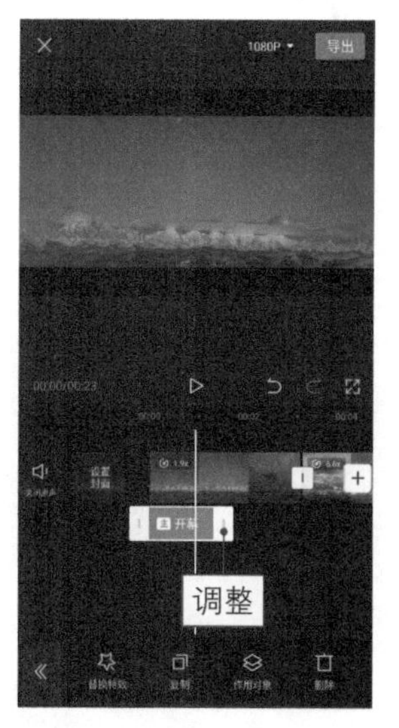

▲ 图 10-12　调整特效持续时间

步骤 05 点击前两个视频连接处的转场按钮▯，如图 10-13 所示。

步骤 06 在“基础转场”选项卡中选择“向左擦除”转场效果，如图 10-14 所示。

▲ 图 10-13　点击转场按钮

▲ 图 10-14　选择“向左擦除”转场效果

步骤 07 点击✓按钮，添加相应的转场效果，如图 10-15 所示。

步骤 08 采用同样的操作方法，在第二个视频连接处添加“拉远”运镜转场效果，如图 10-16 所示。

▲ 图 10-15　添加“向左擦除”转场效果

▲ 图 10-16　添加“拉远”转场效果

步骤 09 在第 3 个视频连接处，添加“炫光”特效转场效果，如图 10-17 所示。

步骤 10 在第 4 个视频连接处，添加“圆形扫描”幻灯片转场效果，如图 10-18 所示。

▲ 图 10-17　添加“炫光”转场效果

▲ 图 10-18　添加“圆形扫描”转场效果

步骤 11 在第 5 个视频连接处，添加“爱心冲击”遮罩转场效果，如图 10-19 所示。

步骤 12 点击✓按钮，添加相应的转场效果，如图 10-20 所示。

▲ 图 10-19　添加“爱心冲击”转场效果

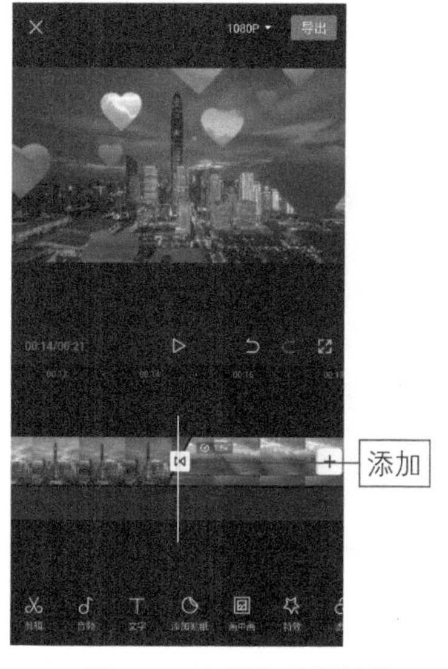

▲ 图 10-20　添加转场效果

实例 67 为短视频添加字幕效果

扫码看教程

本例主要运用剪映 App 的“文字”功能，给视频添加标题和解说字幕效果，让观众更加清晰地了解短视频的主题内容。

步骤 01 ❶ 拖曳时间轴至相应位置；❷ 点击“文字”按钮，如图 10-21 所示。

步骤 02 执行操作后，点击“文字模板”按钮，如图 10-22 所示。

步骤 03 打开“精选”文字模板窗口，点击“标题”标签，如图 10-23 所示。

步骤 04 ❶ 切换至“标题”选项卡；❷ 选择合适的文字模板，如图 10-24 所示。

▲ 图 10-21　点击“文字”按钮

▲ 图 10-22　点击“文字模板”按钮

▲ 图 10-23　点击“标题”标签

▲ 图 10-24　选择文字模板

步骤 05 点击文本框适当修改文字内容，如图 10–25 所示。

步骤 06 适当调整标题文字的位置和持续时间，如图 10–26 所示。

▲ 图 10–25 修改文字内容

▲ 图 10–26 调整标题文字的位置和持续时间

步骤 07 ❶ 拖曳时间轴至合适位置处；❷ 在“文字”编辑菜单中点击“新建文本”按钮，如图 10–27 所示。

步骤 08 调出文本框，输入相应的文字内容，如图 10–28 所示。

▲ 图 10–27 点击“新建文本”按钮

▲ 图 10–28 输入相应的文字内容

步骤 09 切换至“花字”选项卡，❶ 选择相应的花字模板；❷ 在预览区中适当调整文字的位置，如图 10-29 所示。

步骤 10 切换至“动画”选项卡，❶ 设置“入场动画”为“螺旋上升”；❷ 并将动画时长调整为最大，如图 10-30 所示。

▲ 图 10-29 调整文字的位置

▲ 图 10-30 调整动画时长

步骤 11 确认文字效果，并适当调整文字轨道的持续时间，如图 10-31 所示。

步骤 12 点击“复制”按钮，复制文字效果并进行适当调整，如图 10-32 所示。

▲ 图 10-31 调整文字轨道的持续时间

▲ 图 10-32 复制文字效果

步骤 13 点击“样式”按钮，适当修改文字内容，如图 10-33 所示。

步骤 14 点击✓按钮确认修改，并适当调整文字轨道的持续时间，如图 10-34 所示。

▲ 图 10-33 修改文字内容

▲ 图 10-34 调整文字轨道的持续时间

步骤 15 使用同样的操作方法，复制文字效果并修改文字内容，并对文字轨道的位置和持续时间进行适当调整，如图 10-35 所示。

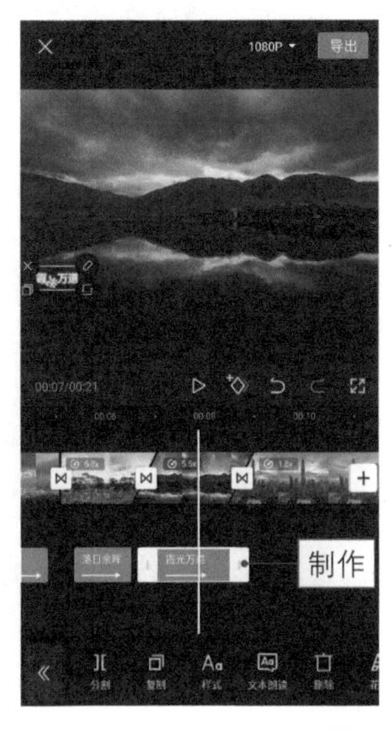

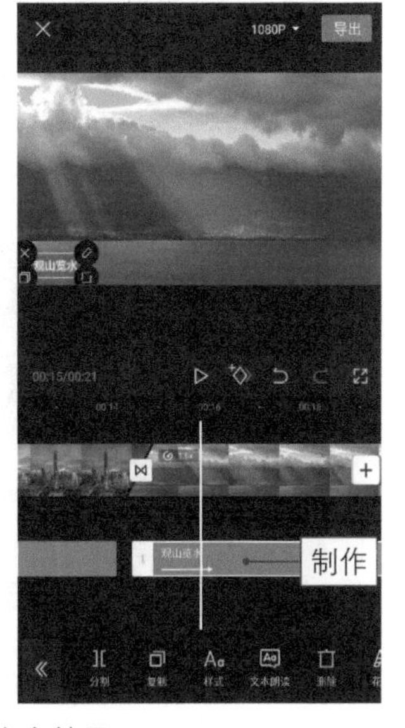

▲ 图 10-35 制作其他文字效果

实例 68 为短视频添加背景音乐

扫码看教程

本例主要运用剪映 App 为短视频添加背景音乐。

步骤 01 ❶ 拖曳时间轴至相应位置；❷ 点击“特效”按钮，如图 10-36 所示。

步骤 02 执行操作后，点击“新增特效”按钮，如图 10-37 所示。

步骤 03 在“基础”选项卡中选择“闭幕”特效，如图 10-38 所示。

步骤 04 执行操作后，即可在片尾处添加一个“闭幕”特效，如图 10-39 所示。

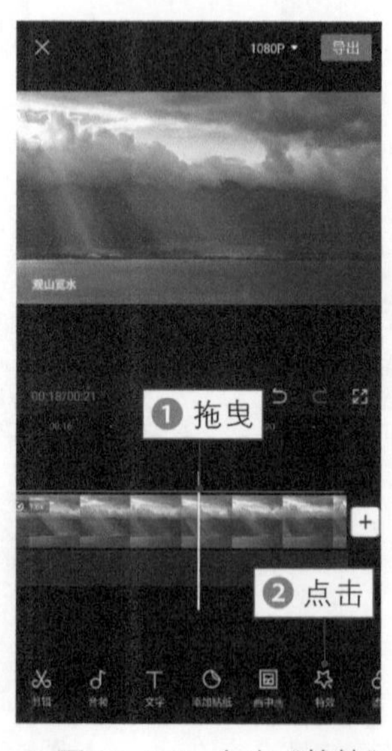

▲ 图 10-36 点击“特效”按钮

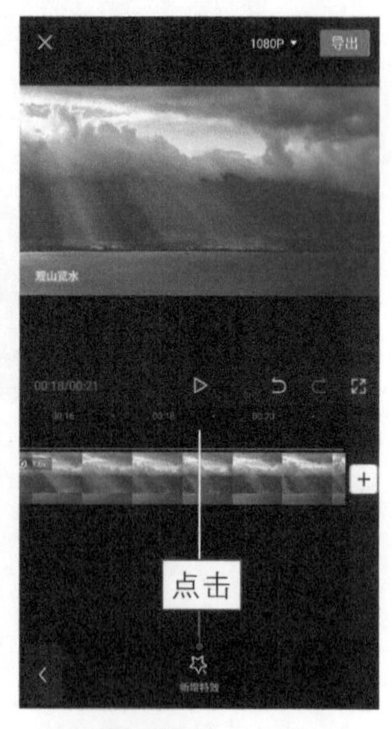

▲ 图 10-37 点击“新增特效”按钮

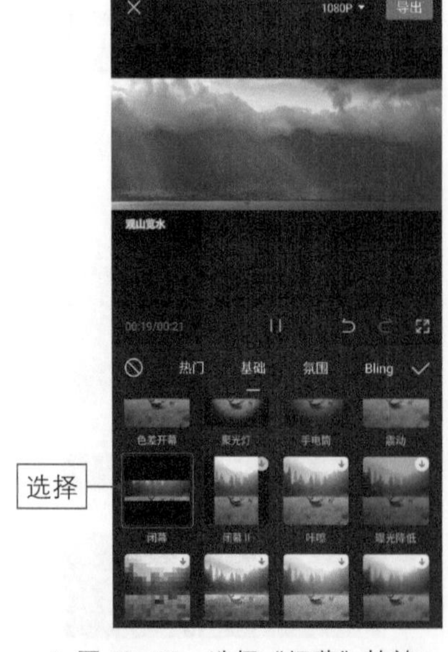

▲ 图 10-38 选择“闭幕”特效

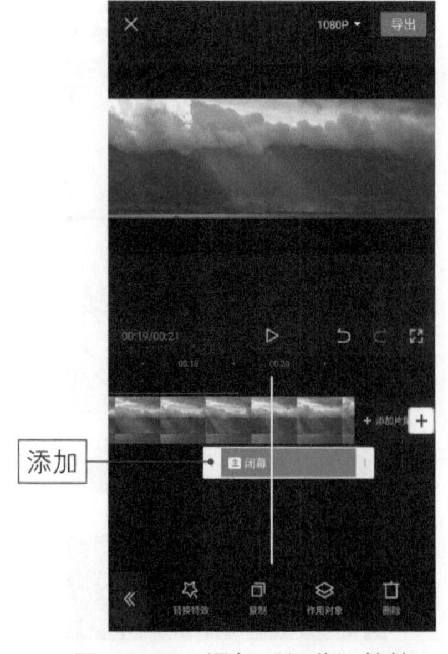

▲ 图 10-39 添加“闭幕”特效

步骤 05 ❶ 拖曳时间轴至起始位置；❷ 点击“音频”按钮，如图 10–40 所示。

步骤 06 执行操作后，点击“提取音乐”按钮，如图 10–41 所示。

▲ 图 10–40　点击“音频”按钮

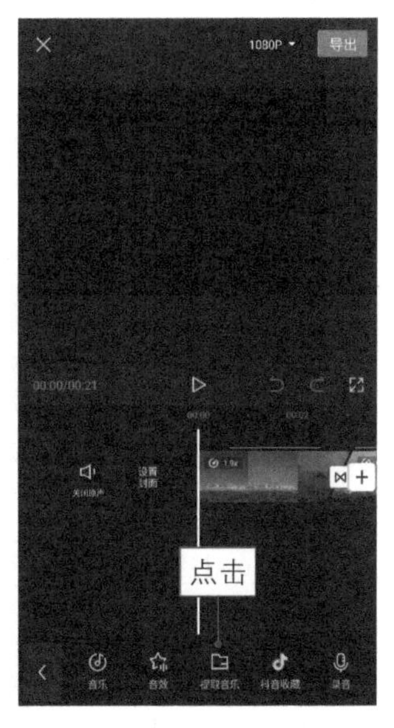

▲ 图 10–41　点击“提取音乐”按钮

步骤 07 进入“照片视频”界面，❶ 选择相应的视频素材；❷ 点击“仅导入视频的声音”按钮，如图 10–42 所示。

步骤 08 执行操作后，即可添加背景音乐，如图 10–43 所示。

▲ 图 10–42　点击“仅导入视频的声音”按钮

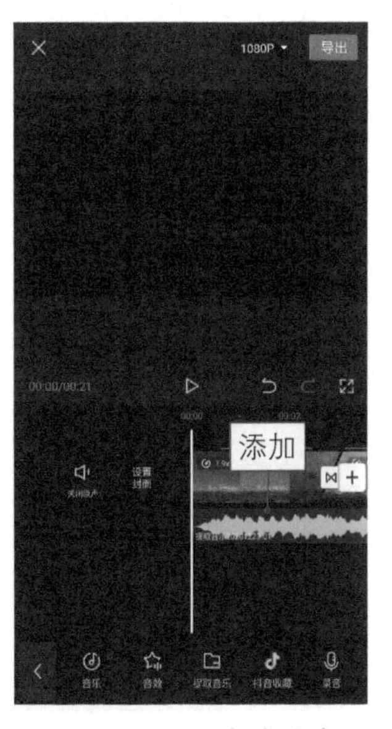

▲ 图 10–43　添加背景音乐

实例 69
使用剪映制作“求关注”片尾

扫码看教程

给短视频添加背景音乐后，点击“导出”按钮保存效果。接下来主要运用剪映 App 的“剪同款”功能，制作热门的短视频片尾求关注效果，提醒观众关注自己的短视频账号。

步骤 01 在剪映 App 主界面点击“剪同款”按钮，切换至该界面，点击搜索框，如图 10-44 所示。

步骤 02 ❶ 在搜索框中输入“求关注”；❷ 点击“搜索”按钮，如图 10-45 所示。

▲ 图 10-44　点击搜索框

▲ 图 10-45　点击“搜索”按钮

步骤 03 在搜索结果中选择相应的“求关注”模板，如图 10-46 所示。

步骤 04 预览模板效果，点击“剪同款”按钮，如图 10-47 所示。

▲ 图 10-46　选择相应模板

▲ 图 10-47　点击“剪同款”按钮

步骤 05 ❶进入“照片视频”界面，选择相应的照片素材；❷点击“下一步”按钮，如图 10–48 所示。

步骤 06 执行操作后，即可制作同款“求关注”片尾效果，点击“导出”按钮，保存视频即可，如图 10–49 所示。

▲ 图 10–48　点击“下一步”按钮

▲ 图 10–49　点击“导出”按钮

实例 70 制作抖音竖屏短视频效果

扫码看教程

下面主要运用剪映 App 的“比例”功能，将横屏视频转换为竖屏效果，以便于上传到抖音或快手等手机短视频平台。

步骤 01 在剪映 App 主界面点击“开始创作”按钮，进入“照片视频”界面，❶选择前面制作好的主体视频素材；❷点击“添加”按钮，如图 10–50 所示。

步骤 02 导入视频素材，点击“比例”按钮，如图 10–51 所示。

▲ 图 10–50　点击“添加”按钮

▲ 图 10–51　点击“比例”按钮

步骤 03 选择 9:16 选项，调整画布尺寸，如图 10-52 所示。

步骤 04 ❶ 将时间轴拖曳至视频的结尾处；❷ 点击添加素材按钮[+]，如图 10-53 所示。

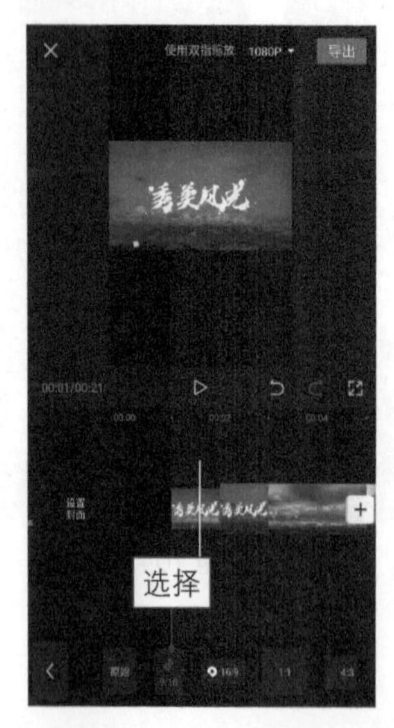

▲ 图 10-52 选择 9:16 选项

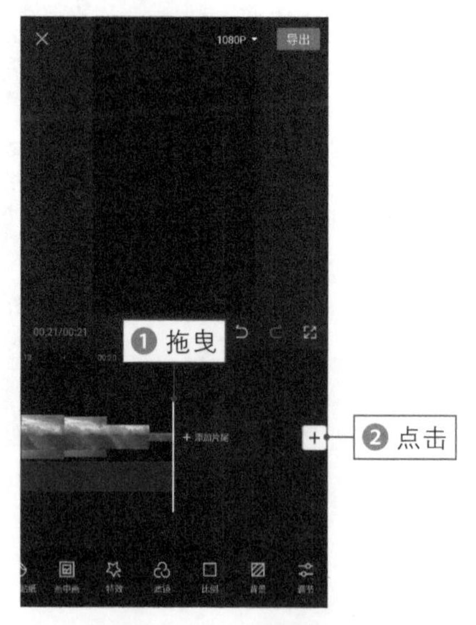

▲ 图 10-53 点击添加素材按钮

步骤 05 进入“照片视频”界面，❶ 选择上一例中制作好的求关注片尾素材；❷ 点击“添加”按钮，如图 10-54 所示。

步骤 06 执行操作后，即可添加视频片尾，效果如图 10-55 所示。

▲ 图 10-54 点击“添加”按钮

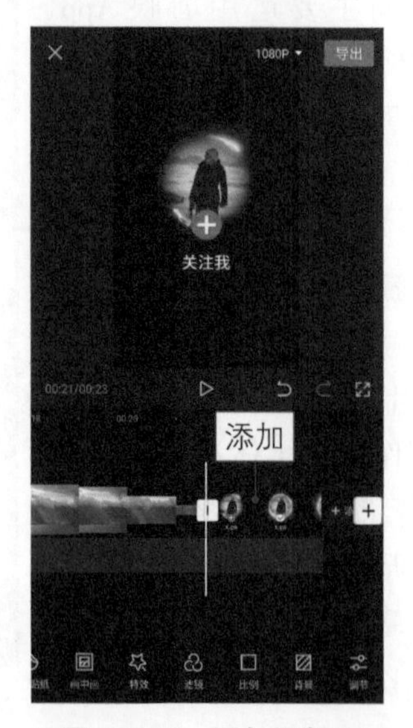

▲ 图 10-55 添加视频片尾

【效果欣赏】

扫码看效果

导出并播放视频，预览成品短视频效果。可以看到，随着不同的转场效果的出现，画面同时切换为相应的风光场景和主题文字，如图 10-56 所示。

▲ 图 10-56　预览成品短视频效果

第 11 章

电脑剪辑：让你快速成为后期高手

实例 71 对视频进行剪辑处理

扫码看教程

首先在 Adobe Premiere 中导入拍好的城市视频素材，然后对视频进行裁剪和变速处理，保留最为精彩的画面部分，吸引观众的眼球。

步骤 01 ❶ 新建一个名称为“繁华都市”的项目文件；❷ 单击“确定”按钮，如图 11-1 所示。

步骤 02 选择“文件”|“新建”|“序列”命令，新建一个序列。选择“文件”|“导入”命令，弹出“导入”对话框，在其中选择相应的视频和音频素材，如图 11-2 所示。

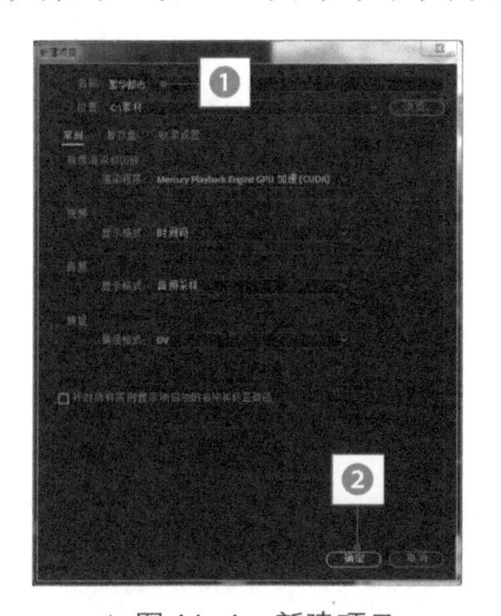

▲ 图 11-1　新建项目

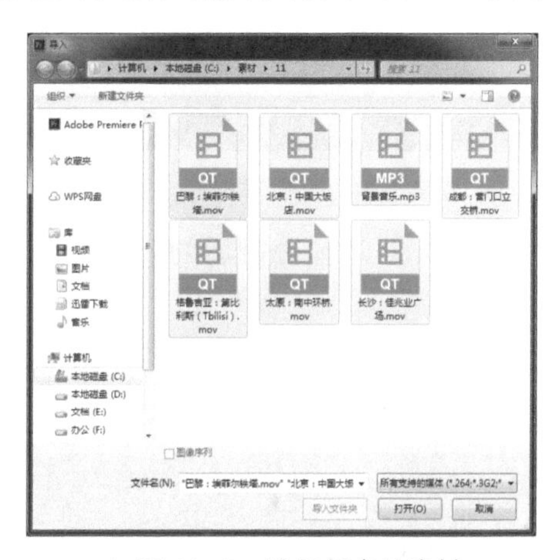

▲ 图 11-2　选择相应的素材

步骤 03 单击“打开”按钮，将素材文件导入到“项目”面板中，如图 11-3 所示。

步骤 04 将导入的所有视频拖曳至“时间轴”面板的 V1 轨道上，如图 11-4 所示。

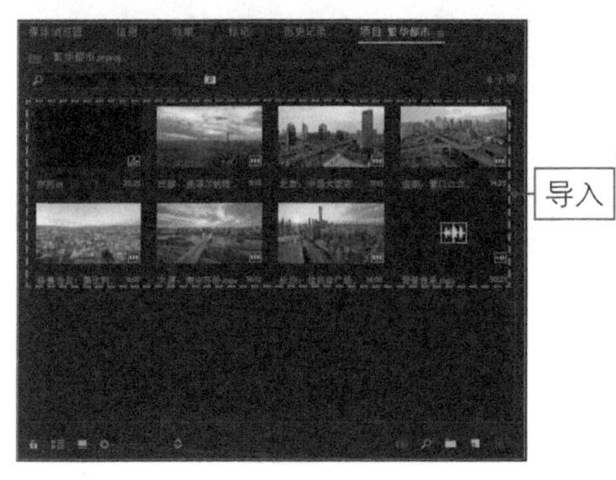

▲ 图 11-3　将素材导入到“项目”面板中

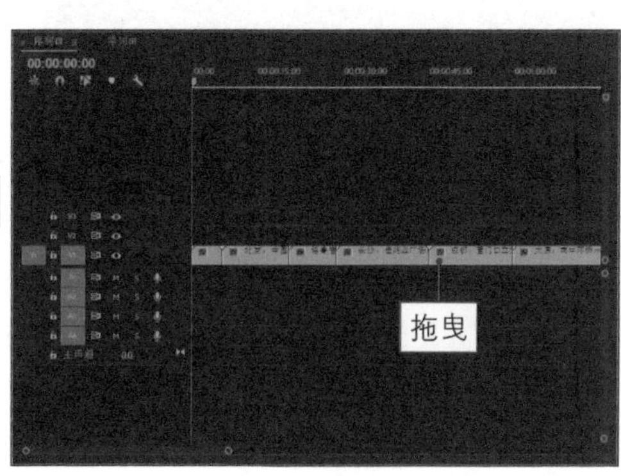

▲ 图 11-4　拖曳至“时间轴”面板的轨道上

步骤 05 选择 V1 轨道中相应的素材文件，展开“效果控件”面板，设置“缩放”为 180.0，如图 11-5 所示。

步骤 06 ❶ 将时间线调整至 00:00:08:00 位置；❷ 使用剃刀工具分割视频，如图 11-6 所示。

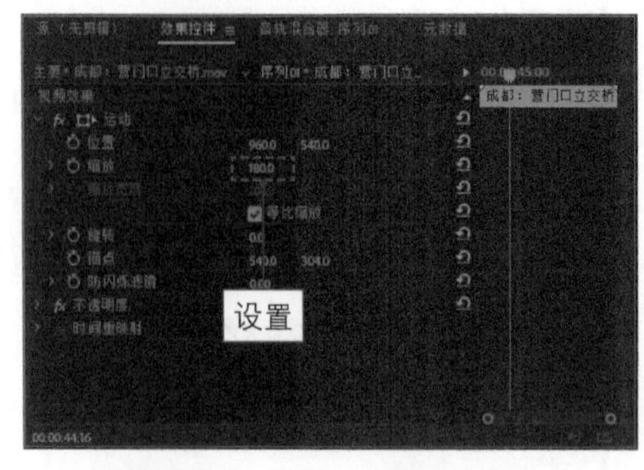

▲ 图 11-5　设置“缩放”为 180.0

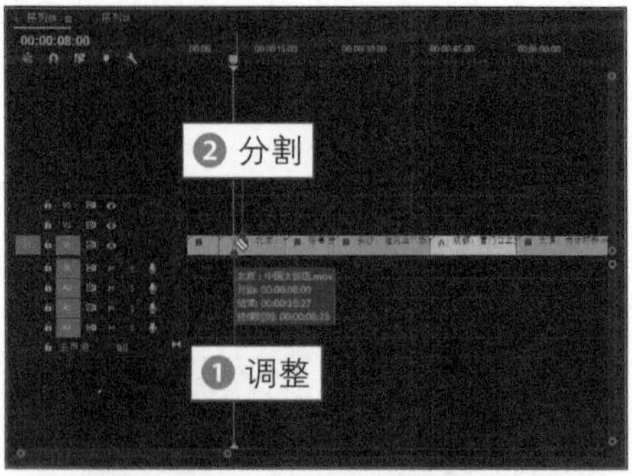

▲ 图 11-6　分割视频

步骤 07 选择分割后的前半段视频，按【Delete】键将其删除，如图 11-7 所示。

步骤 08 ❶ 将时间线调整至 00:00:30:00 处；❷ 使用剃刀工具分割视频，如图 11-8 所示。

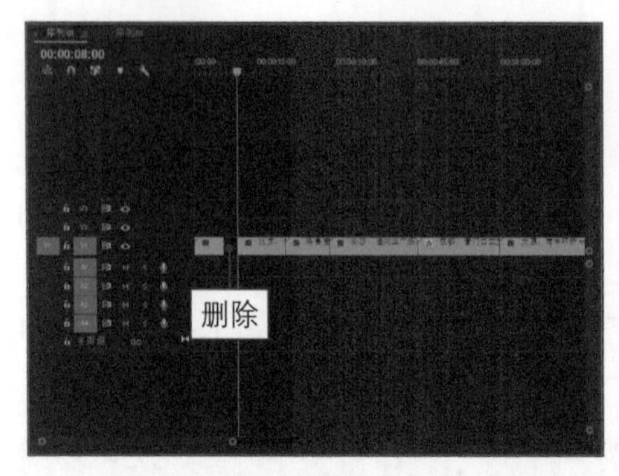

▲ 图 11-7　删除相应视频片段

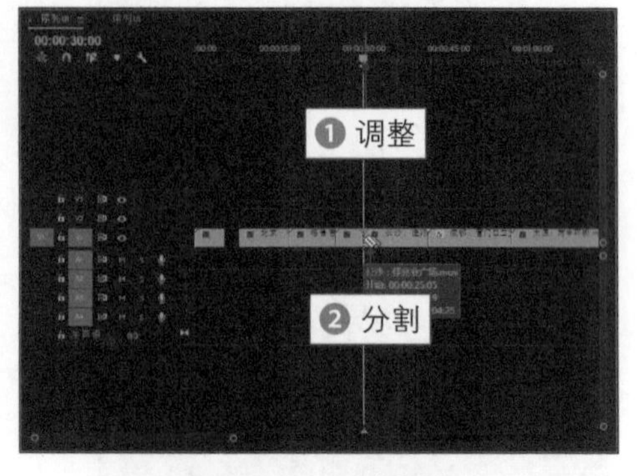

▲ 图 11-8　分割视频

步骤 09 选择分割后的前半段视频，按【Delete】键将其删除，如图 11-9 所示。

步骤 10 ❶ 将时间线调整至 00:00:50:00 处，使用剃刀工具分割视频；❷ 按【Delete】键将分割后的前半段视频删除，如图 11-10 所示。

步骤 11 ❶ 将时间线调整至 00:01:00:00 处，使用剃刀工具分割视频；❷ 按【Delete】键将分割后的前半段视频删除，如图 11-11 所示。

步骤 12 使用选择工具调整裁剪后的视频，将其合并到一起，如图 11-12 所示。

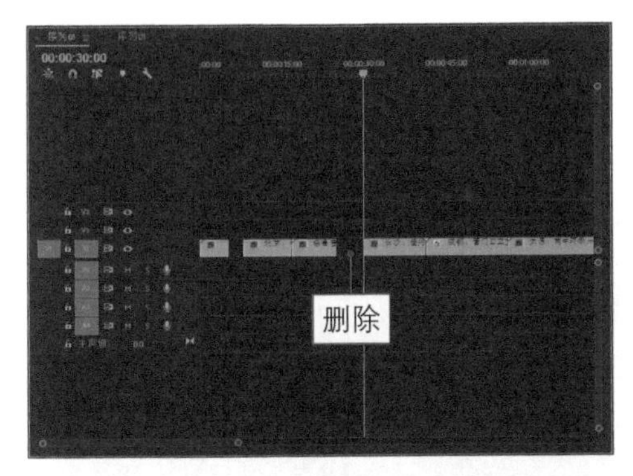

▲ 图 11-9　删除相应视频片段

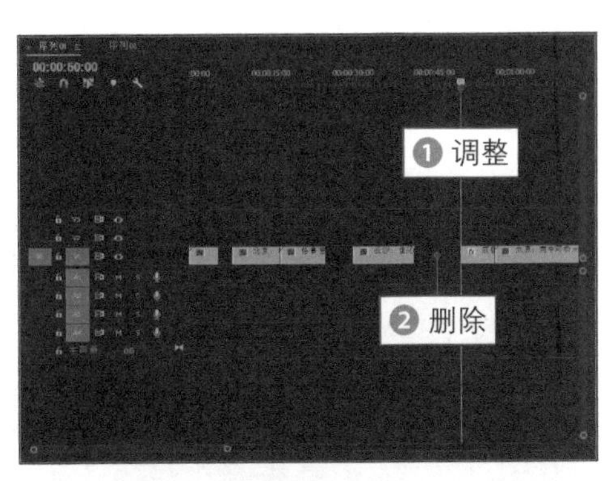

▲ 图 11-10　删除相应视频片段

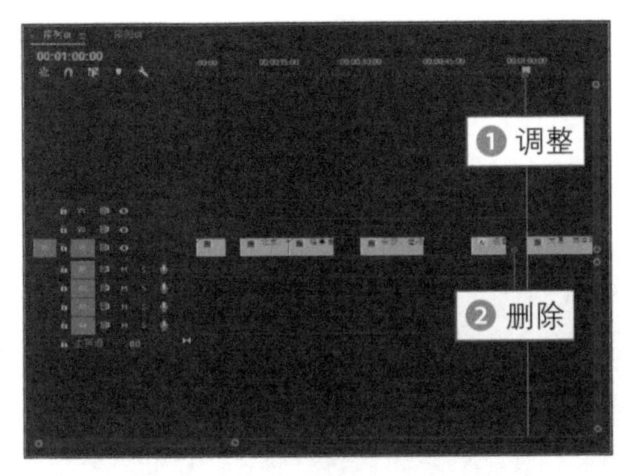

▲ 图 11-11　删除相应视频片段

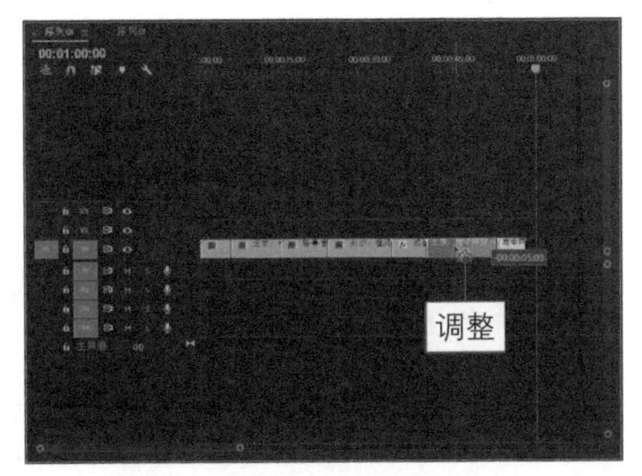

▲ 图 11-12　调整视频片段

步骤 13 选择第一段视频素材，单击鼠标右键，在弹出的快捷菜单中选择“速度 / 持续时间”命令，如图 11-13 所示。

步骤 14 弹出“剪辑速度 / 持续时间”对话框，设置“速度”为 180%，如图 11-14 所示。

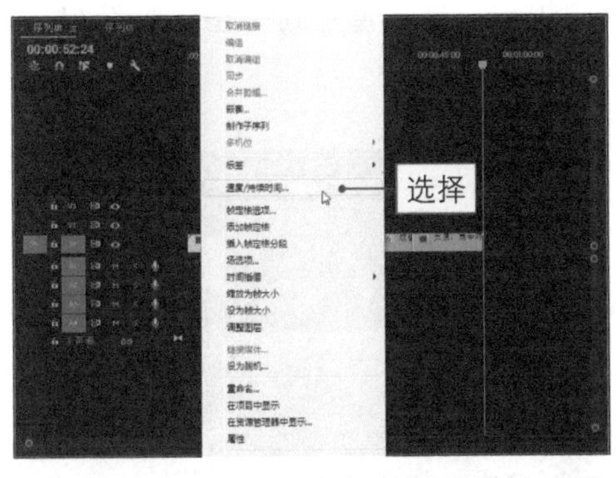

▲ 图 11-13　选择“速度 / 持续时间”选项

▲ 图 11-14　设置“速度”为 180%

步骤 15 单击“确定”按钮，调整视频的持续时间，如图 11-15 所示。

步骤 16 采用同样的操作方法，设置第二段视频的“速度”为 180%，如图 11–16 所示。

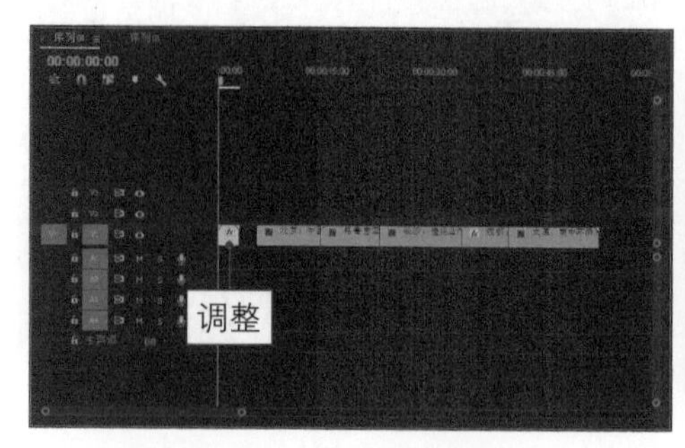

▲ 图 11–15 调整视频的持续时间

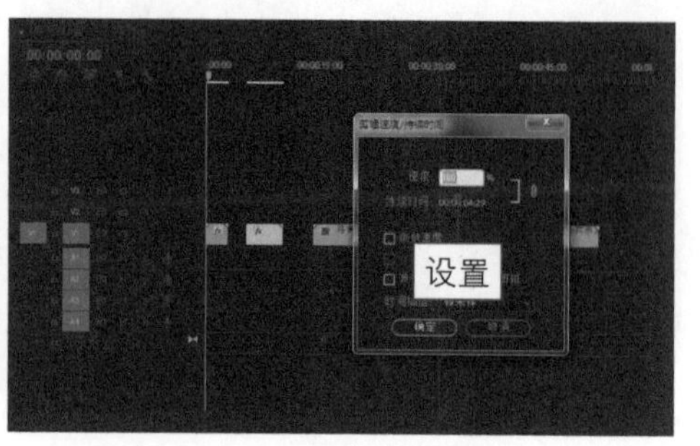

▲ 图 11–16 设置第二段视频的“速度”

步骤 17 设置第 3 段视频的“速度”为 250%，如图 11–17 所示。

步骤 18 设置第 4 段视频的“速度”为 280%，如图 11–18 所示。

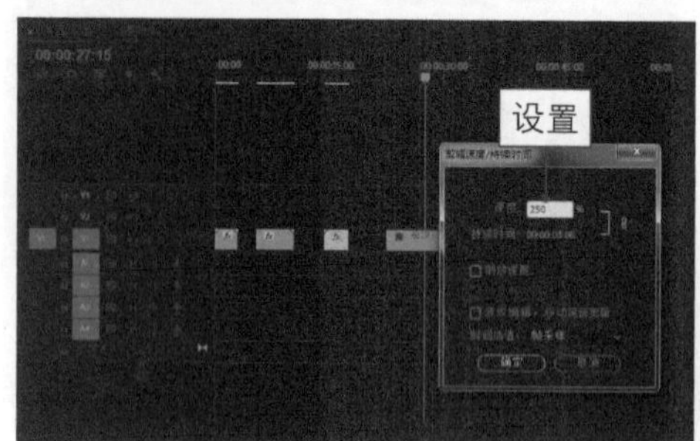

▲ 图 11–17 设置第 3 段视频的“速度”

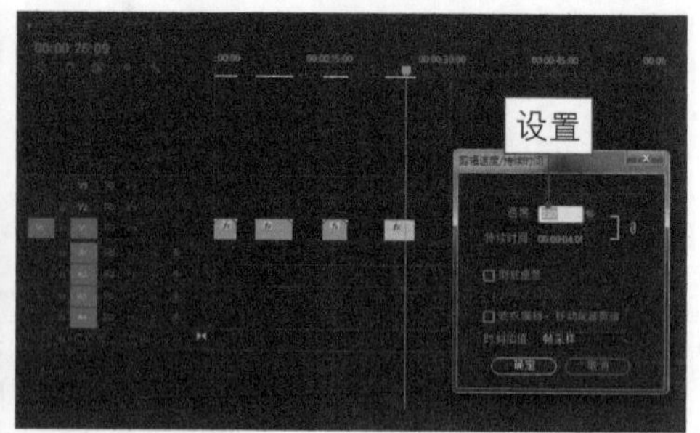

▲ 图 11–18 设置第 4 段视频的“速度”

步骤 19 设置最后两段视频的“速度”均为 180%，如图 11–19 所示。

步骤 20 使用选择工具▶调整变速后的视频，将其合并到一起，如图 11–20 所示。

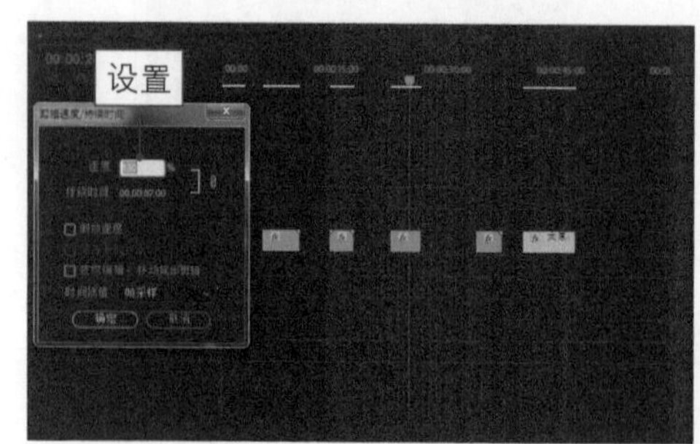

▲ 图 11–19 设置其他视频片段的“速度”

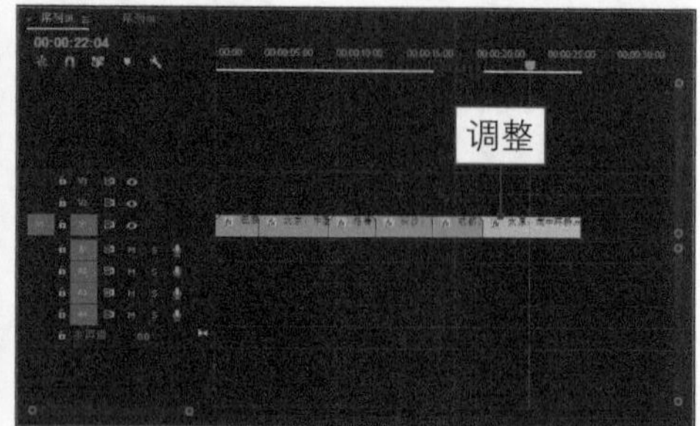

▲ 图 11–20 调整变速后的视频片段

☆专家提醒☆

如果用户需要选择单个视频片段，只需使用选择工具▶单击即可。如果用户需要选择多个视频片段，可以按住鼠标左键并拖曳来框选需要选择的多个片段。

实例 72 制作片头和转场效果

扫码看教程

本例主要运用 Adobe Premiere 的“视频过渡”功能，为剪辑好的视频片段添加片头和转场动画效果，让短视频的画面效果变得更加精彩。

步骤 01 在“效果”面板中展开“视频过渡”|“划像”选项，选择“圆划像”效果，如图 11-21 所示。

步骤 02 将其拖曳至 V1 轨道的第一个视频片段前方，添加“圆划像”转场效果，如图 11-22 所示。

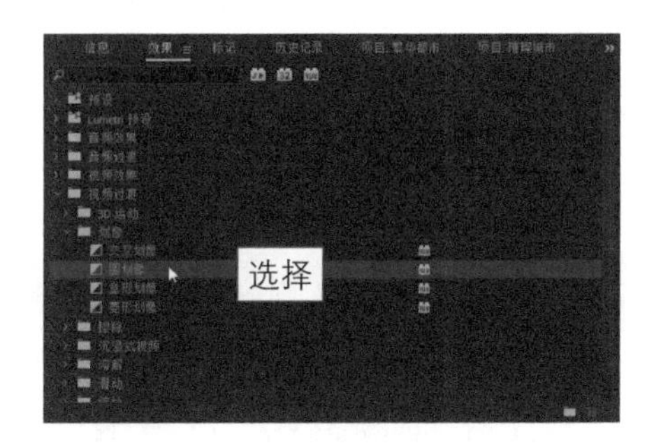

▲ 图 11-21　选择“圆划像”效果

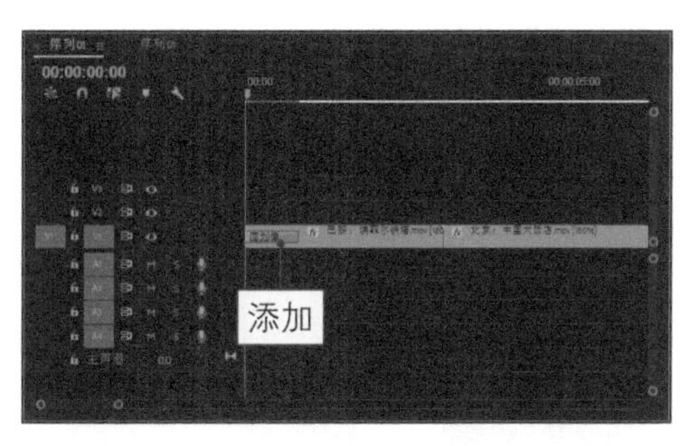

▲ 图 11-22　添加“圆划像”转场效果

步骤 03 在“效果”面板中展开“视频过渡”|“3D 运动”选项，选择“立方体旋转”效果，如图 11-23 所示。

步骤 04 将其拖曳至 V1 轨道的第一个视频片段后方，添加“立方体旋转”转场效果，如图 11-24 所示。

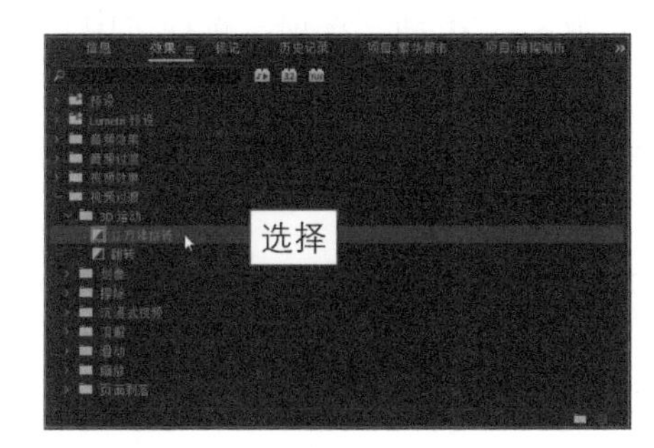

▲ 图 11-23　选择“立方体旋转”效果

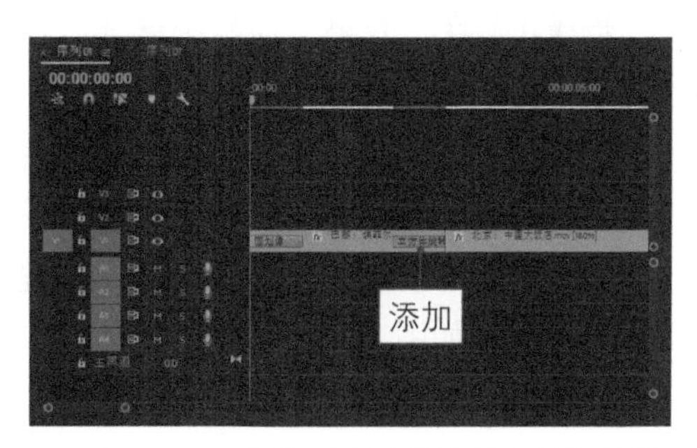

▲ 图 11-24　添加“立方体旋转”转场效果

步骤 05 选择添加的“立方体旋转”效果，在“效果控件”面板中设置“持续时间”为 00:00:01:00、“对齐”为“中心切入”，如图 11-25 所示。

步骤 06 执行操作后，即可调整“立方体旋转”效果的持续时间和对齐方式，如图 11-26 所示。

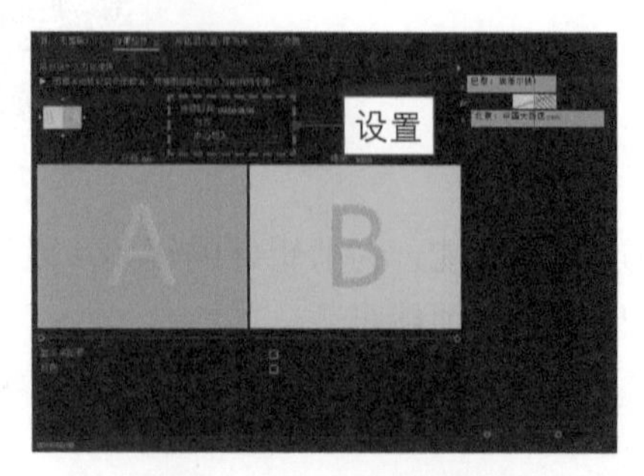

▲ 图 11-25 设置持续时间和对齐方式

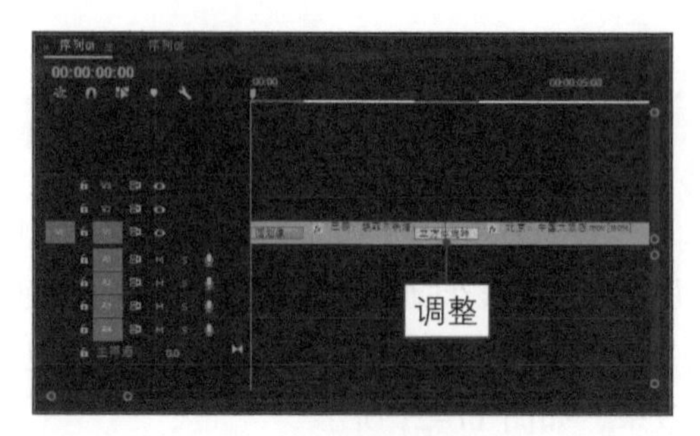

▲ 图 11-26 调整“立方体旋转”效果

步骤 07 在“效果”面板中展开“视频过渡”|“沉浸式视频”选项，选择“VR 光圈擦除”效果，如图 11-27 所示。

步骤 08 将其拖曳至 V1 轨道的相应视频连接处，添加“VR 光圈擦除”转场效果，如图 11-28 所示。

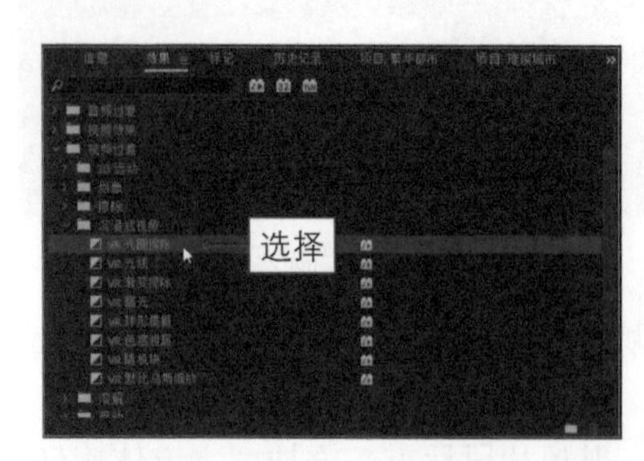

▲ 图 11-27 选择“VR 光圈擦除”效果

▲ 图 11-28 添加“VR 光圈擦除”转场效果

步骤 09 在“效果”面板中展开“视频过渡”|“滑动”选项，选择“中心拆分”效果，如图 11-29 所示。

步骤 10 将其拖曳至 V1 轨道的相应视频连接处，添加“中心拆分”转场效果，并设置相应的持续时间和对齐方式，如图 11-30 所示。

步骤 11 在“效果”面板中展开“视频过渡”|“擦除”选项，选择“双侧平推门”效果，如图 11-31 所示。

步骤 12 将其拖曳至 V1 轨道的相应视频连接处，添加“双侧平推门”转场效果，并设置相应的持续时间和对齐方式，如图 11-32 所示。

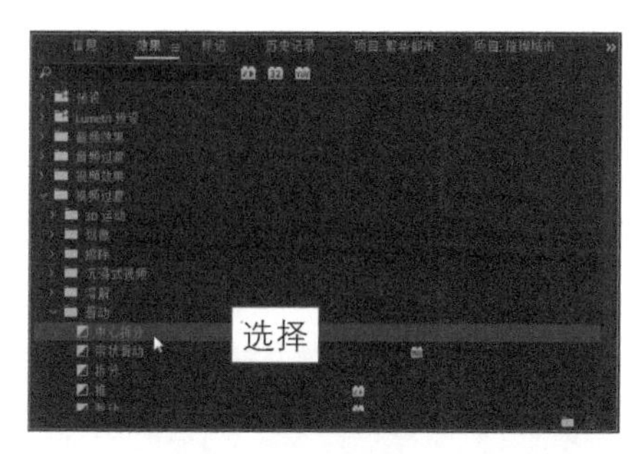

▲ 图 11-29　选择“中心拆分”效果

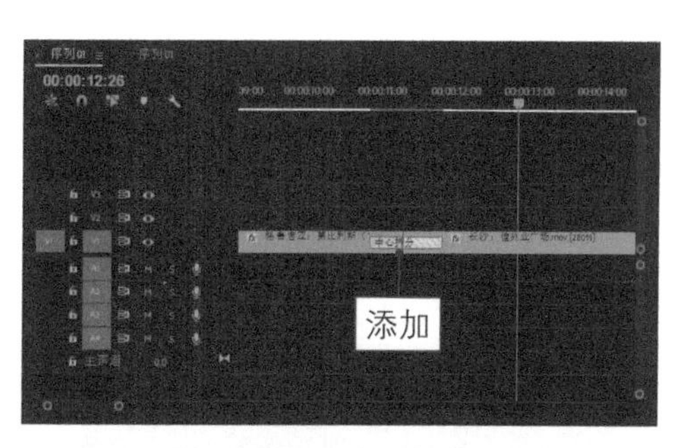

▲ 图 11-30　添加“中心拆分”转场效果

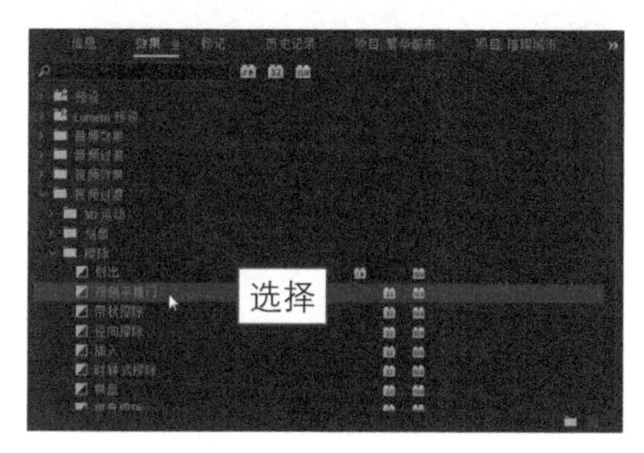

▲ 图 11-31　选择“双侧平推门”效果

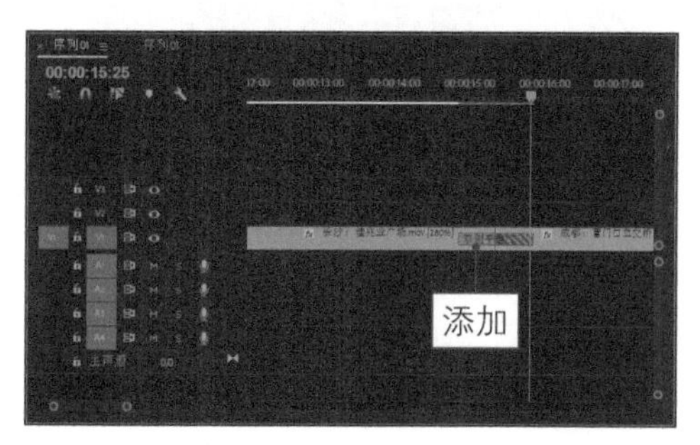

▲ 图 11-32　添加“双侧平推门”转场效果

步骤 13 在“效果”面板中展开“视频过渡”|“页面剥落”选项，选择“翻页”效果，如图 11-33 所示。

步骤 14 将其拖曳至 V1 轨道中的相应视频连接处，添加“翻页”转场效果，并设置相应的持续时间和对齐方式，如图 11-34 所示。

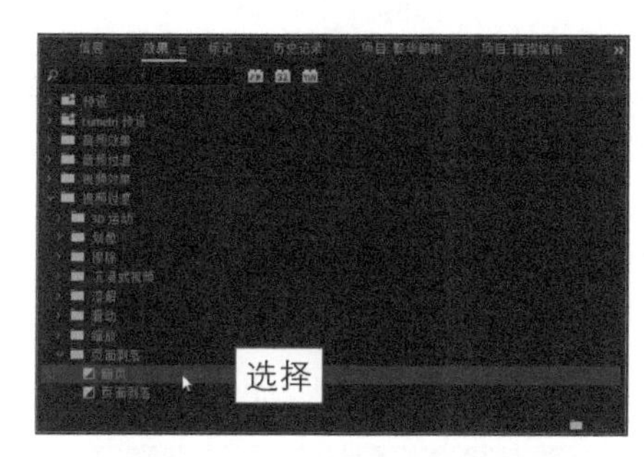

▲ 图 11-33　选择“翻页”效果

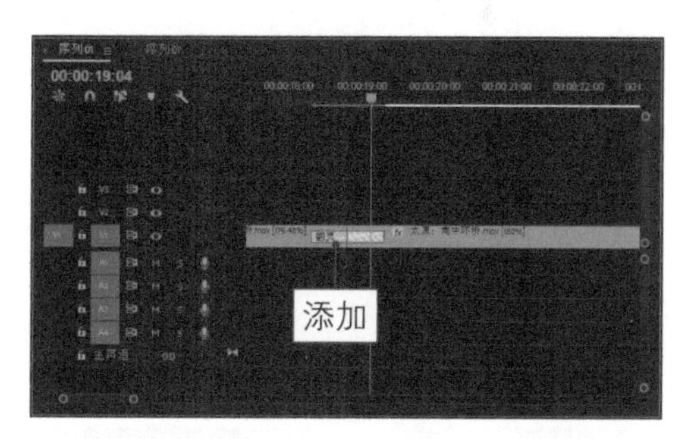

▲ 图 11-34　添加“翻页”转场效果

实例 73
制作横向闭幕片尾效果

扫码看教程

本例主要运用 Adobe Premiere 的“裁剪”视频效果功能，在短视频的片尾处添加一个横向闭幕效果，让视频画面瞬间变得更有高级感。

步骤 01 在“效果”面板中展开“视频效果”|“变换”选项，选择“裁剪”效果，如图 11-35 所示。

步骤 02 将其拖曳至 V1 轨道的最后一个视频片段上，添加“裁剪”视频效果，如图 11-36 所示。

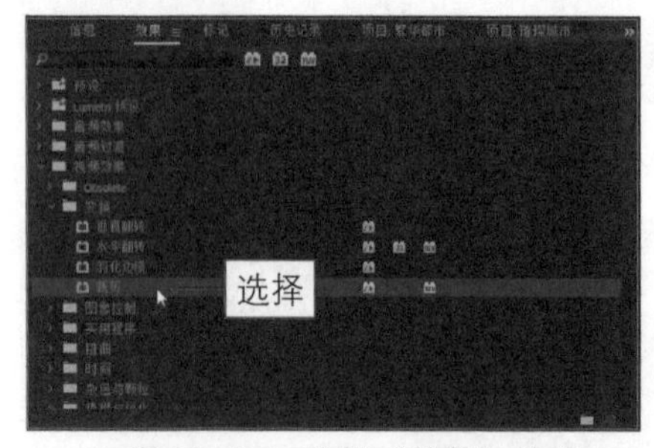

▲ 图 11-35　选择“裁剪”效果

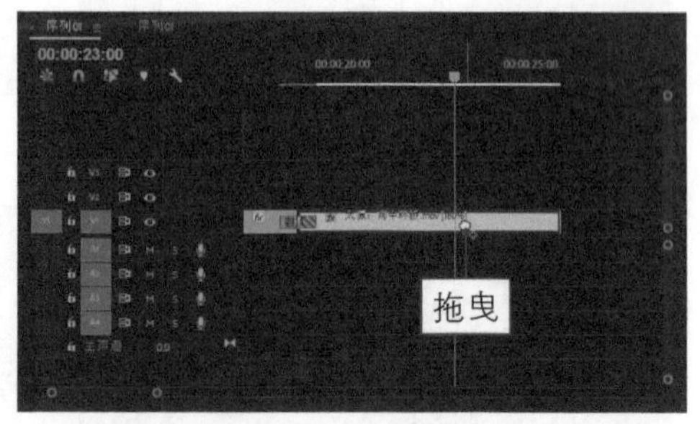

▲ 图 11-36　添加“裁剪”视频效果

步骤 03 将时间线调整至 00:00:23:20 处，如图 11-37 所示。

步骤 04 在“效果控件”面板中展开“裁剪”选项，❶ 分别单击“左侧”和“右侧”前的“切换动画”按钮；❷ 添加一组关键帧，如图 11-38 所示。

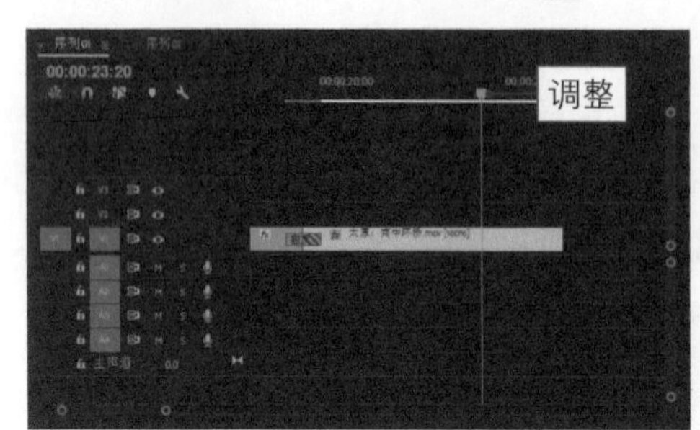

▲ 图 11-37　调整时间线位置

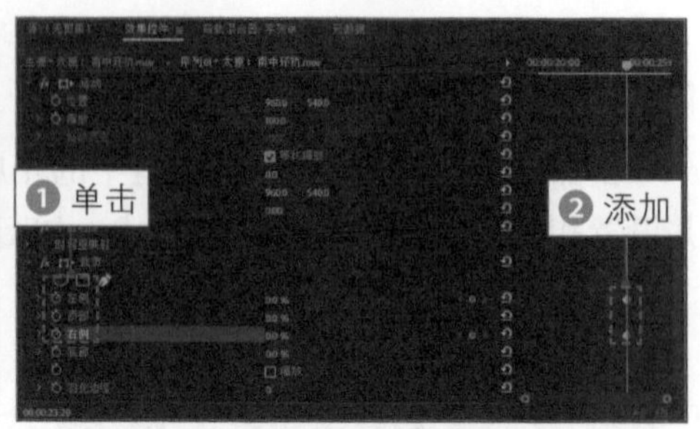

▲ 图 11-38　添加一组关键帧

步骤 05 将时间线调整至视频结尾处，❶ 设置“左侧”和“右侧”均为 50.0%；❷ 添加另一组关键帧，如图 11-39 所示。

步骤 06 在“节目监视器”面板中，预览横向闭幕片尾效果，如图 11-40 所示。

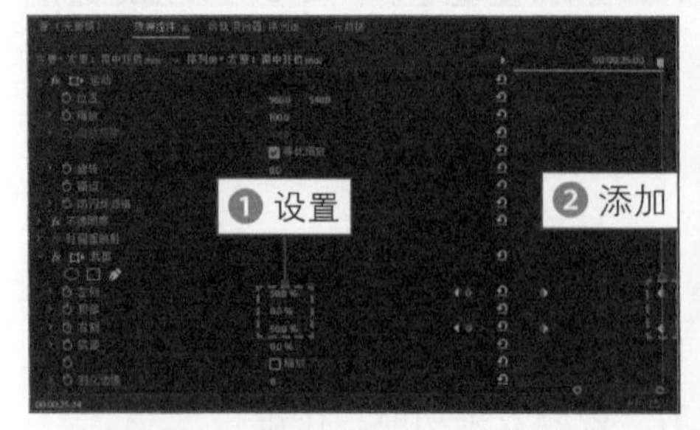

▲ 图 11-39　添加另一组关键帧

▲ 图 11-40　预览横向闭幕片尾效果

实例 74 在视频中添加字幕解说

扫码看教程

本例主要运用 Adobe Premiere 的文字工具T，为短视频画面添加主题字幕和解说文字，以便更好地辅助表达短视频的内容。

步骤 01 ❶ 将时间线调整至 00:00:00:09 处，使用文字工具T在“节目监视器”窗口中创建一个字幕文本框，输入“繁华都市”；❷ 在“时间轴”面板中调整字幕文件的持续时长，如图 11-41 所示。

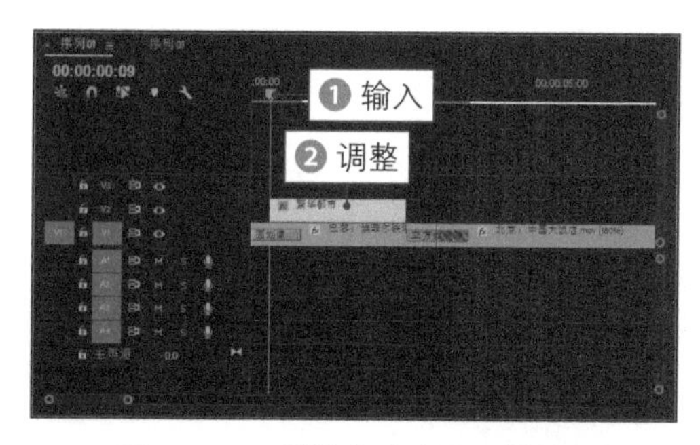

▲ 图 11-41　调整字幕文件的持续时长

步骤 02 在“效果控件”面板的“源文本”选项组中，设置字幕文件的“字体”为 STXingkai、“字体大小”为 258、“填充”为白色（#FFFFFF）、“描边”为红色（#FF0000）、“阴影”为黑色（#000000），如图 11-42 所示。

步骤 03 在“变换”选项组中，❶ 单击“缩放”左侧的“切换动画”按钮；❷ 设置其参数为 0；❸ 添加第一组关键帧，如图 11-43 所示。

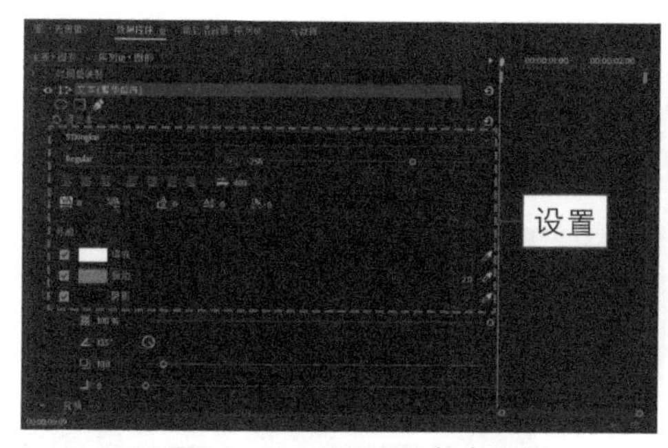

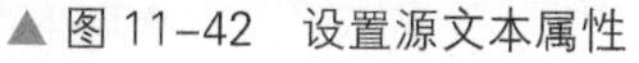

▲ 图 11-42　设置源文本属性

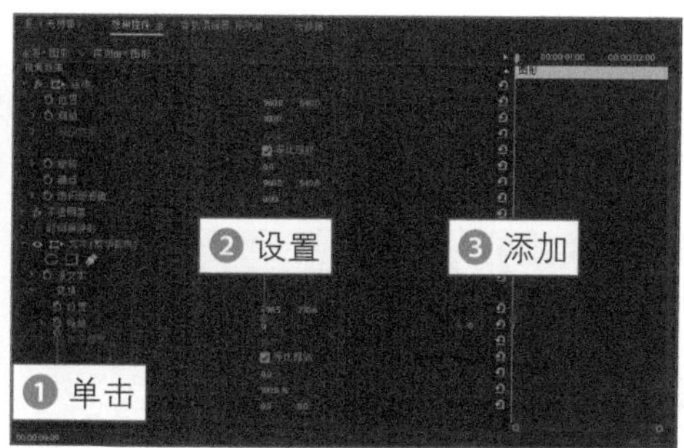

▲ 图 11-43　添加第一组关键帧

步骤 04 ❶ 将时间线调整至 00:00:01:00 位置；❷ 设置“缩放”为 100；❸ 添加第二组关键帧，如图 11-44 所示。

步骤 05 在“节目监视器”面板中，预览文字动画效果，如图 11-45 所示。

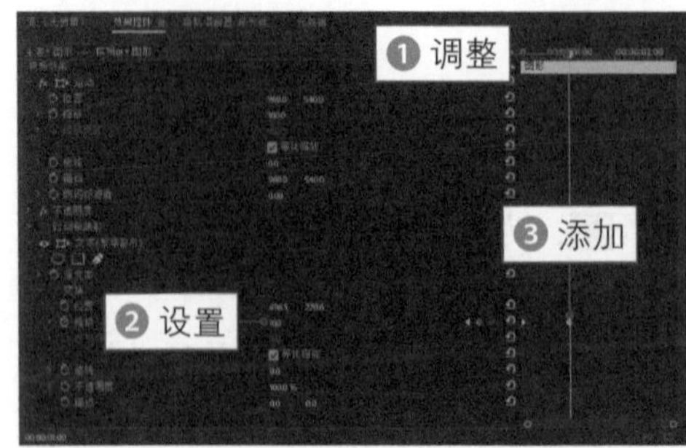

▲ 图 11-44　添加第二组关键帧

▲ 图 11-45　预览文字动画效果

步骤 06 ❶ 将时间线调整至 00:00:00:25 位置，使用文字工具 在“节目监视器”窗口中创建一个字幕文本框，输入“巴黎：埃菲尔铁塔”；❷ 在“时间轴”面板中调整字幕文件的轨道位置和持续时长，如图 11-46 所示。

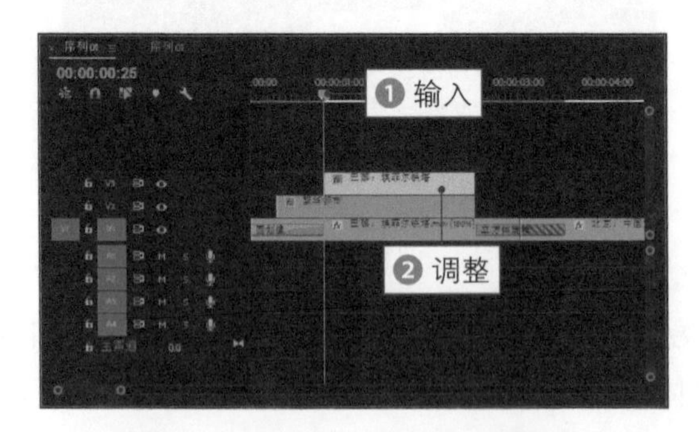

▲ 图 11-46　调整字幕文件的持续时长

步骤 07 在“效果控件”面板的“源文本”选项组中，设置字幕文件的“字体”为 KaiTi、“字体大小”为 52、“填充”为白色（#FFFFFF）、“描边”为无、“阴影”为黑色（#000000），如图 11-47 所示。

步骤 08 在“变换”选项组中，❶ 单击“位置”左侧的“切换动画”按钮 ；❷ 设置其参数为（60.0，1100.0）；❸ 添加第一组关键帧，如图 11-48 所示。

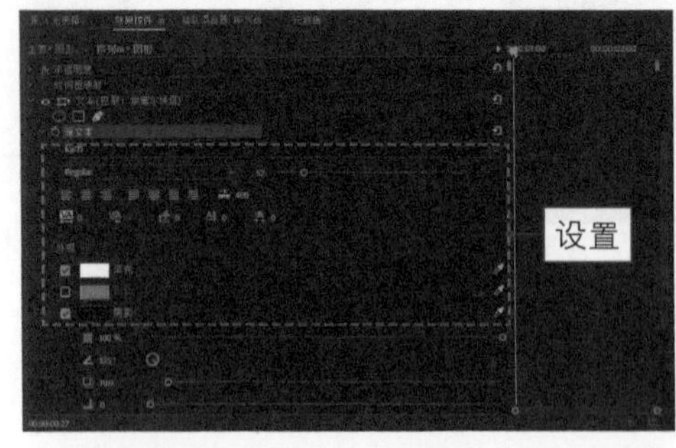

▲ 图 11-47　设置源文本属性

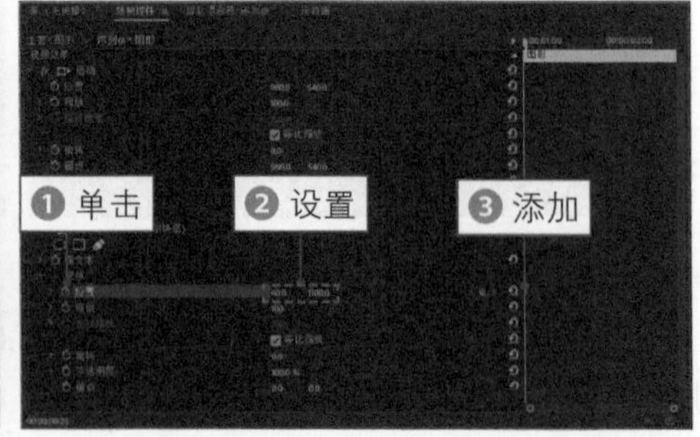

▲ 图 11-48　添加第一组关键帧

步骤 09 ❶ 将时间线调整至 00:00:01:15 位置；❷ 设置“位置”为（60.0，980.0）；❸ 添加第二组关键帧，如图 11-49 所示。

步骤 10 在“节目监视器”面板中，预览文字动画效果，如图 11-50 所示。

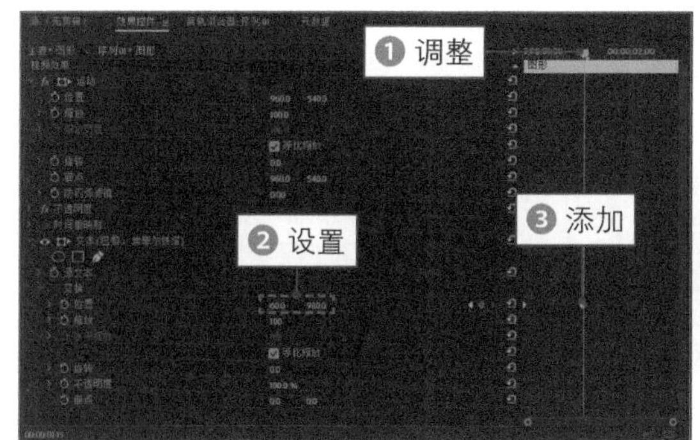

▲ 图 11-49　添加第二组关键帧

▲ 图 11-50　预览文字动画效果

步骤 11 使用同样的操作方法，为其他视频片段添加相应的字幕动画效果，如图 11-51 所示。

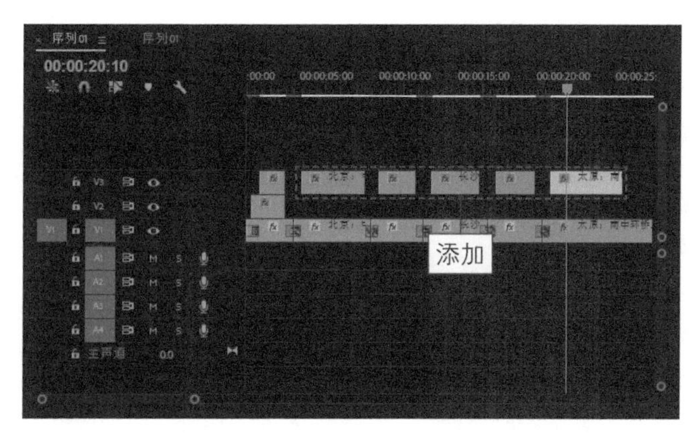

▲ 图 11-51　添加其他文字动画效果

实例 75 为视频添加背景音乐特效

扫码看教程

音频是短视频中非常重要的内容元素，选择好的背景音乐或者语音旁白，能够让作品快速登上热搜。本节将介绍在 Adobe Premiere 中为短视频添加背景音乐的操作方法。

步骤 01 在“项目”面板中，选择导入的音乐素材，将其拖曳至“时间轴”

面板的 A1 轨道中，如图 11–52 所示。

步骤 02 ❶ 将时间线调整至视频结尾处，使用剃刀工具分割音乐素材；❷ 按【Delete】键将分割后的第二段音乐素材删除，如图 11–53 所示。

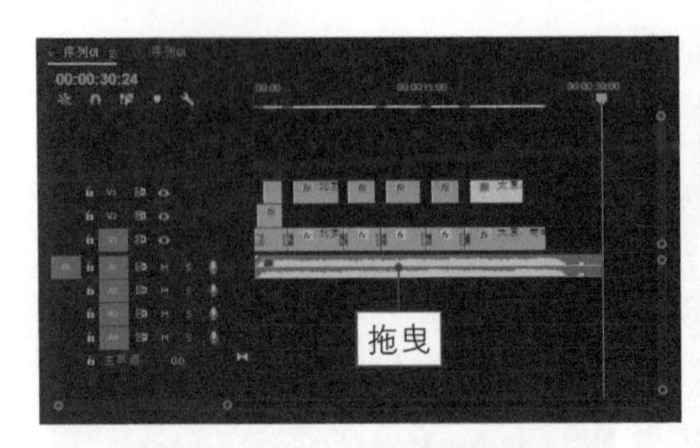

▲ 图 11–52　将音乐拖曳至 A1 轨道中

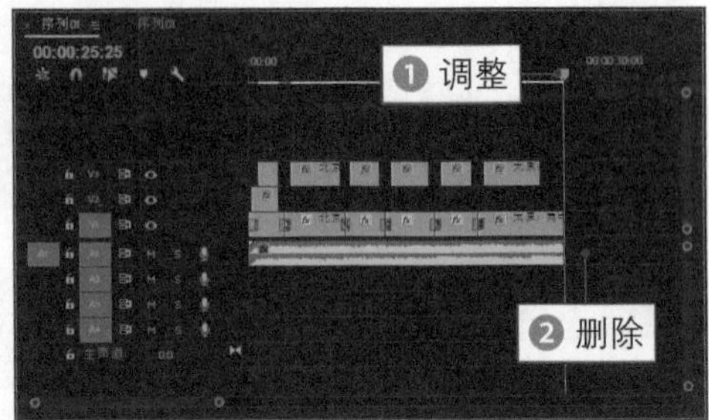

▲ 图 11–53　删除多余的音乐素材

步骤 03 在"效果"面板中展开"音频过渡"|"交叉淡化"选项，选择"指数淡化"特效，如图 11–54 所示。

步骤 04 按住鼠标左键，将其分别拖曳至音乐素材的起始点与结束点上，添加音频过渡特效，如图 11–55 所示。

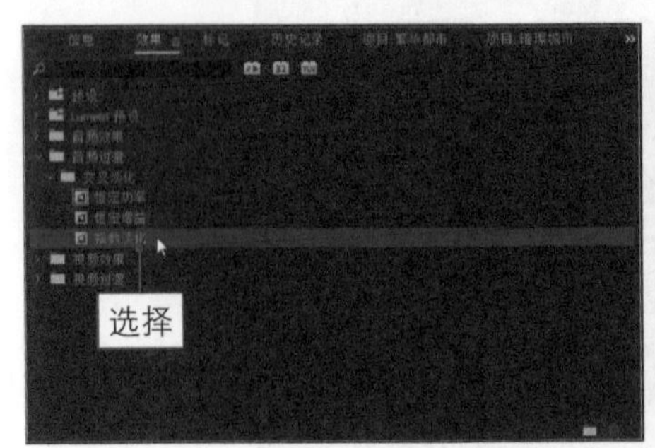

▲ 图 11–54　选择"指数淡化"特效

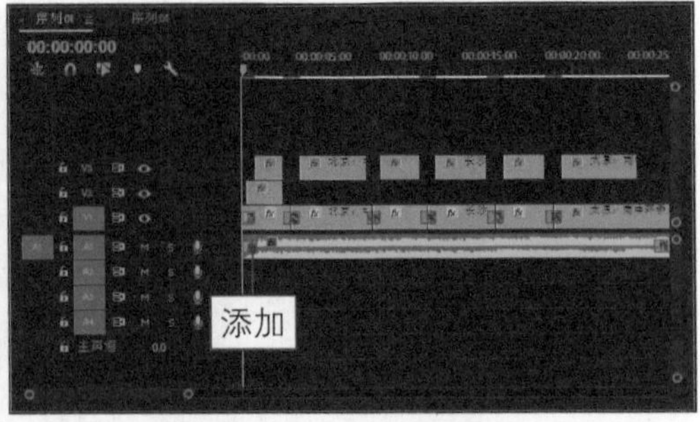

▲ 图 11–55　添加音频过渡特效

【效果欣赏】

扫码看效果

导出短视频文件，播放并预览视频效果，如图 11–56 所示。在导出视频文件时，用户需要对视频的格式、预设、输出名称、保存位置及其他选项进行设置，详细的操作方法在《Premiere Pro 2020 全面精通：视频剪辑 颜色调整 转场特效 字幕制作 案例实战》一书中均有介绍。

▲ 图 11-56　预览视频效果

第 12 章

后期实战：制作抖音热门视频效果

实例 76 一张照片秒变视频大片

扫码看教程

扫码看效果

照片也能呈现出电影大片的效果，只需为照片添加两个关键帧，就能让其变成一个视频。下面介绍使用剪映 App 将全景照片制作成短视频效果的具体操作方法。

步骤 01 在剪映 App 中导入一张全景照片，点击“比例”按钮，如图 12-1 所示。

步骤 02 执行操作后，选择 9∶16 选项，如图 12-2 所示。

步骤 03 ❶ 选择视频轨道；❷ 用双指在预览区域放大视频画面并调整至合适位置，作为视频的片头画面，如图 12-3 所示。

步骤 04 拖曳视频轨道右侧的白色拉杆，适当调整视频素材的播放时长，如图 12-4 所示。

▲ 图 12-1 点击“比例”按钮

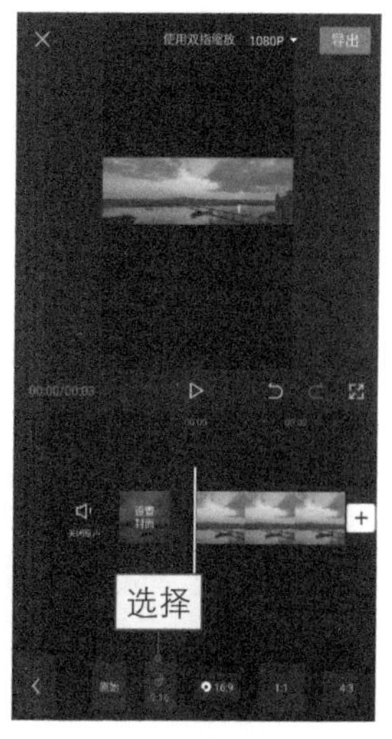

▲ 图 12-2 选择 9∶16 选项

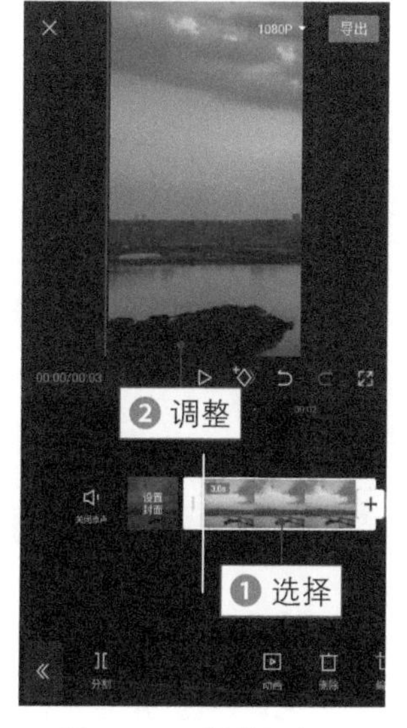

▲ 图 12-3 调整视频画面

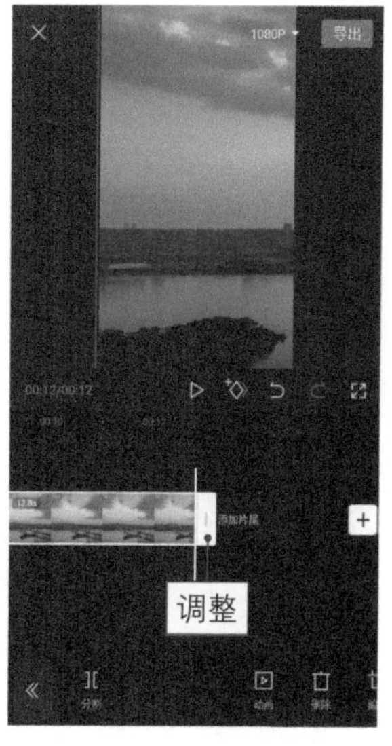

▲ 图 12-4 调整播放时长

步骤 05 ❶ 拖曳时间轴至视频轨道的起始位置；❷ 点击◇按钮添加关键帧，如图 12–5 所示。

步骤 06 ❶ 拖曳时间轴至视频轨道的结束位置；❷ 在预览区域调整视频画面至合适位置，作为视频的结束画面；❸ 同时会自动生成关键帧，如图 12–6 所示。

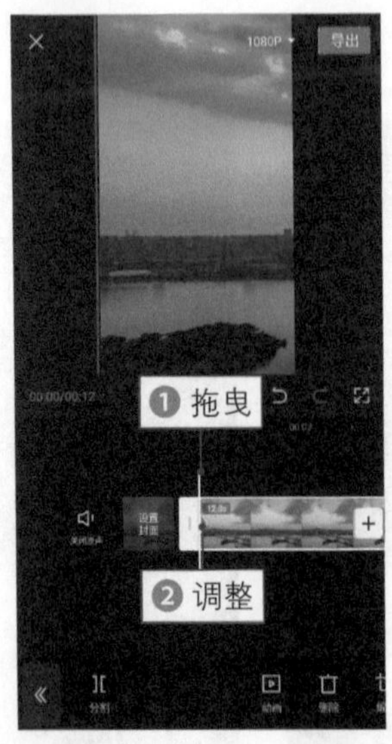

▲ 图 12–5　添加关键帧

▲ 图 12–6　自动生成关键帧

【效果欣赏】

为短视频添加合适的背景音乐，导出预览成品效果，如图 12–7 所示。可以看到，视频画面模拟出向右摇镜头的运镜效果，打造出身临其境的画面感。

▲ 图 12–7　预览成品效果

实例 77 曲线变速实现无缝转场

扫码看教程

扫码看效果

本例主要运用剪映 App 的“曲线变速”功能，制作顺滑的无缝转场效果，让整个画面都充满炫酷的视觉感受。

步骤 01 在剪映 App 中导入多段视频素材，如图 12-8 所示。

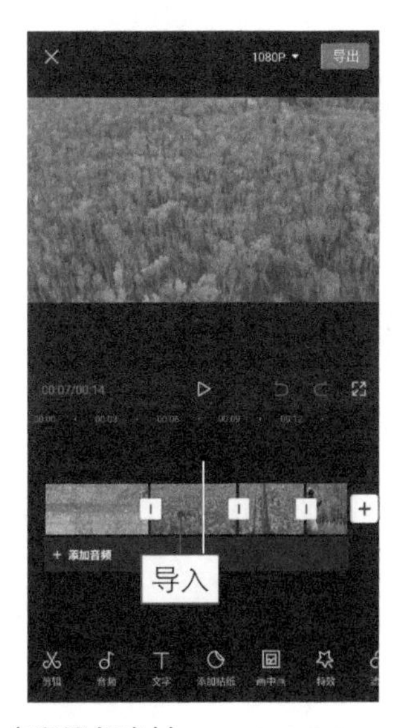

▲ 图 12-8　导入多段视频素材

步骤 02 ❶ 选择第一段视频素材；❷ 点击“变速”按钮，如图 12-9 所示。

步骤 03 执行操作后，点击“曲线变速”按钮，如图 12-10 所示。

步骤 04 选择“蒙太奇”预设选项，应用该变速效果，如图 12-11 所示。

步骤 05 ❶ 选择第二段视频素材；❷ 选择“英雄时刻”预设选项，如图 12-12 所示。

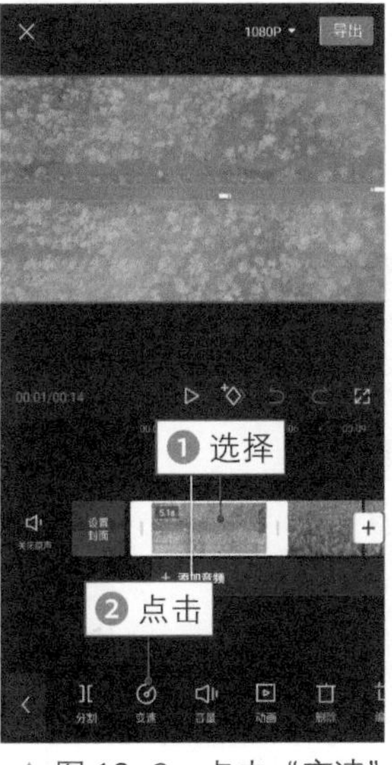

▲ 图 12-9　点击“变速”按钮

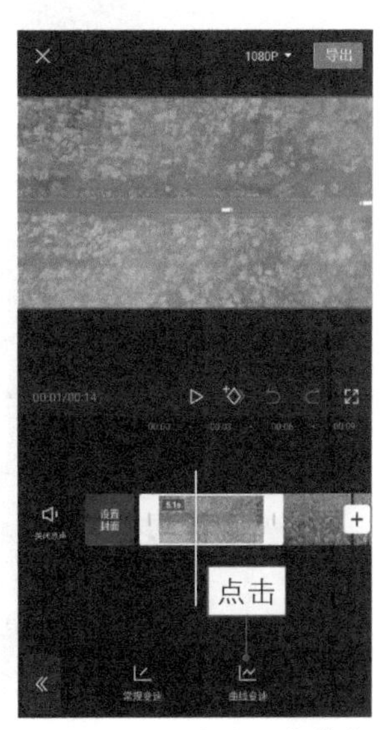

▲ 图 12-10　点击“曲线变速”按钮

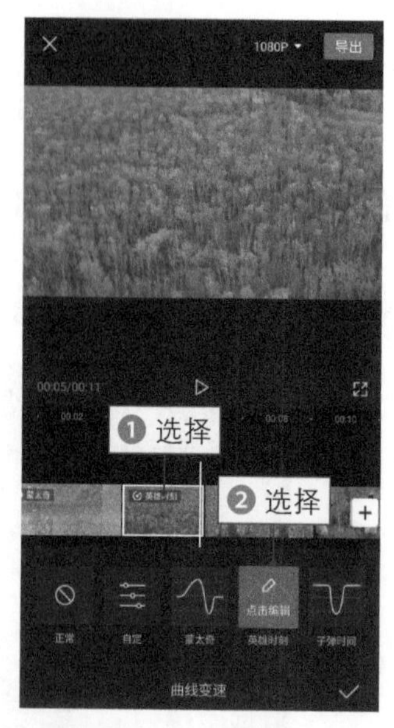

▲ 图 12-11　选择“蒙太奇”预设选项　　▲ 图 12-12　选择“英雄时刻”预设选项

步骤 06 ❶ 选择第 3 段视频素材；❷ 选择“闪出”预设选项，如图 12-13 所示。

步骤 07 ❶ 选择第 4 段视频素材；❷ 选择“闪进”预设选项，如图 12-14 所示。

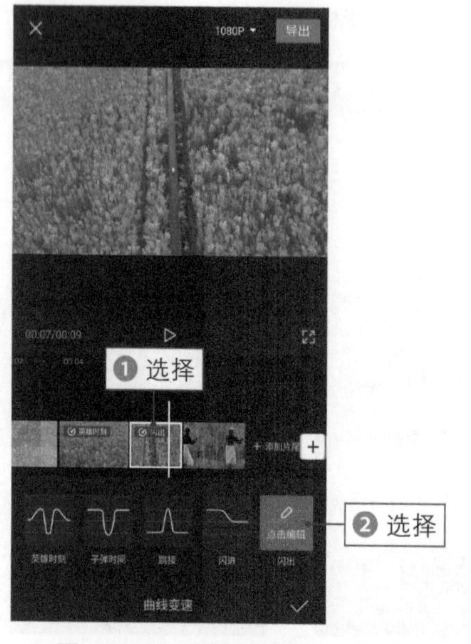

▲ 图 12-13　选择“闪出”预设选项

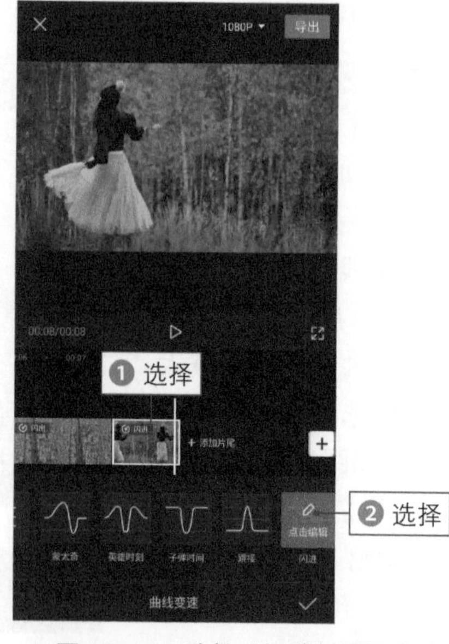

▲ 图 12-14　选择“闪进”预设选项

步骤 08 分别在 4 个视频片段之间的连接处添加“推近”“拉远”和“逆时针旋转”运镜转场效果，如图 12-15 所示。

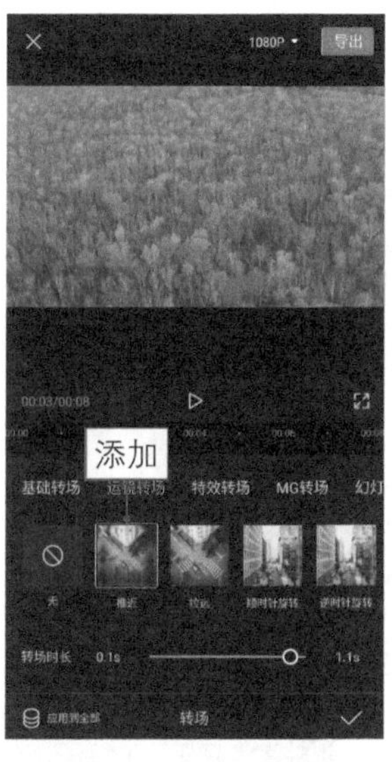

▲ 图 12-15　分别添加转场效果

【效果欣赏】

为短视频添加合适的背景音乐，导出并预览成品效果，如图 12-16 所示。可以看到，随着音乐节奏的变化，视频画面也出现了忽快忽慢的无缝转场效果。

▲ 图 12-16　预览成品效果

实例 78 磨砂夕阳风光网红调色

扫码看教程

扫码看效果

本例主要运用剪映App的“调节”功能和“纹理”特效，制作磨砂夕阳风光网红色调效果，这种特有的火烧云画面透露着诱人的魅力。

步骤 01 在剪映 App 中导入视频素材，❶ 选择视频轨道；❷ 点击“复制”按钮，如图 12-17 所示。

步骤 02 将复制的视频切换为画中画，并调整到时间线的起始位置，如图 12-18 所示。

步骤 03 返回主界面点击“比例”按钮，选择 3∶4 选项，如图 12-19 所示。

步骤 04 在视频预览区域中，适当调整两个视频画面的位置，如图 12-20 所示。

▲ 图 12-17　点击“复制”按钮

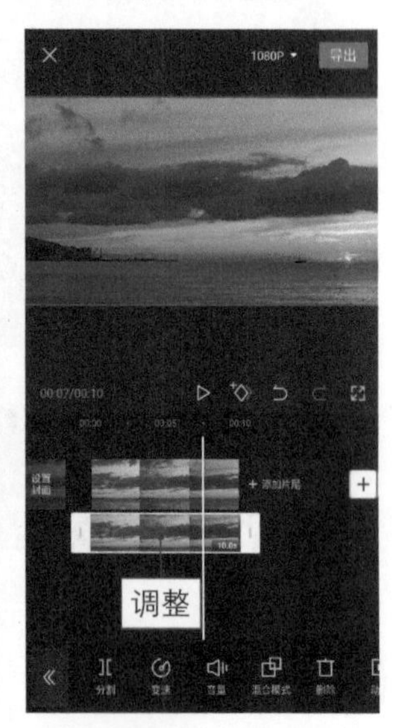

▲ 图 12-18　调整画中画轨道

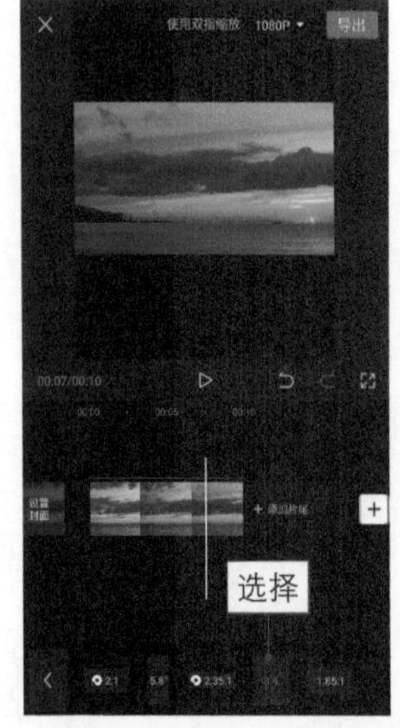

▲ 图 12-19　选择 3∶4 选项

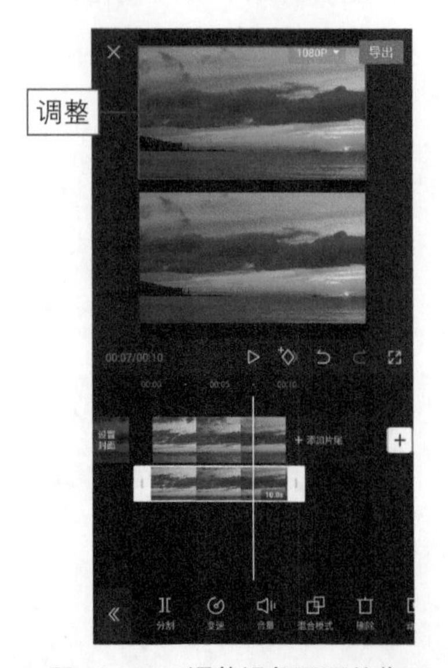

▲ 图 12-20　调整视频画面的位置

步骤 05 选择主视频轨道，点击“调节”按钮进入其编辑界面，适当调整相应的色彩和影调参数，增强夕阳的暖色调效果，如图 12-21 所示。

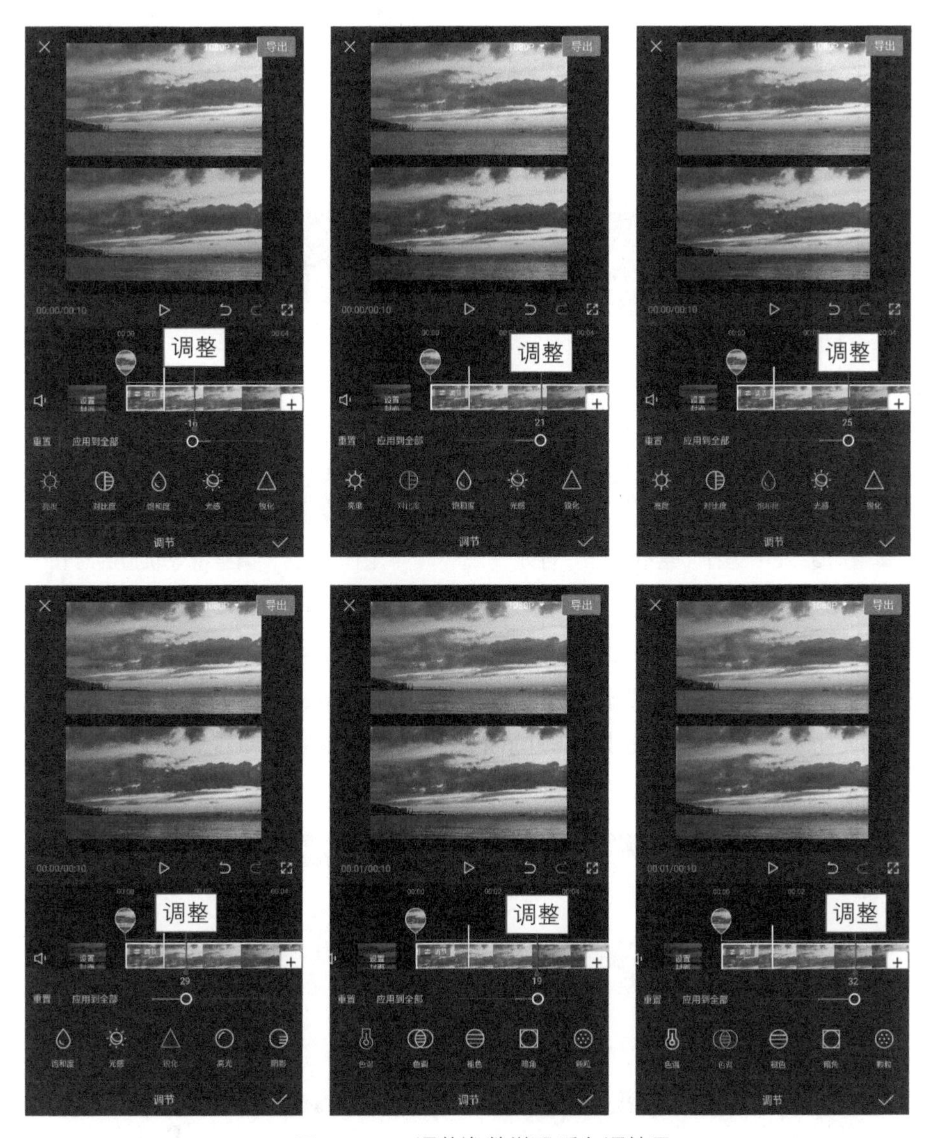

▲ 图 12-21　调整参数增强暖色调效果

步骤 06 返回主界面，点击“特效”按钮，在“纹理”选项卡中选择“磨砂纹理”特效，如图 12-22 所示。

步骤 07 点击✓按钮添加特效，并将特效轨道的时长调整到与视频相同，如图 12-23 所示。

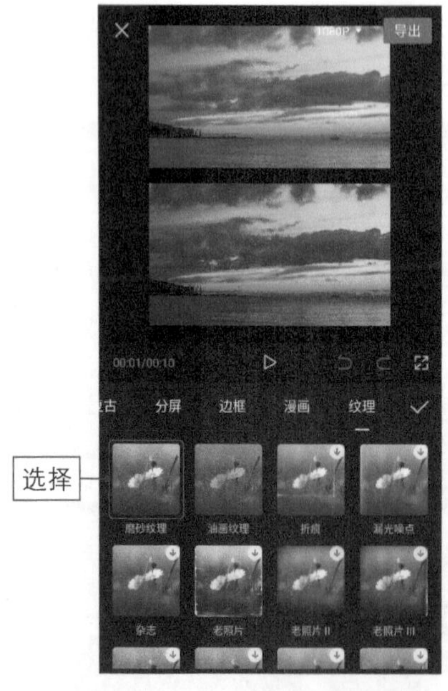

▲ 图 12-22 选择“磨砂纹理”特效

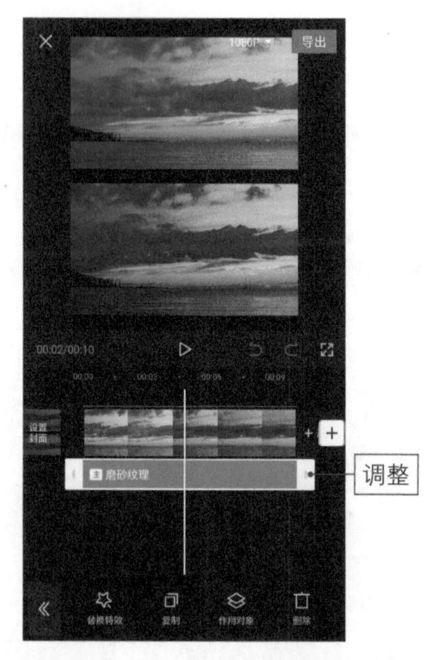

▲ 图 12-23 调整特效轨道的时长

【效果欣赏】

为短视频添加合适的背景音乐，导出并预览成品效果，如图 12-24 所示。可以看到，下方为调色后的效果视频画面，上方则同步显示原视频画面，形成非常鲜明的对比。

▲ 图 12-24 预览成品效果

实例 79 建筑夜景视频网红调色

扫码看教程

扫码看效果

本例主要运用剪映 App 的“调节”和“滤镜”等功能，为多段建筑夜景类型的短视频进行调色，让画面变得更加吸睛。

步骤 01 在剪映 App 中导入多段视频素材，如图 12-25 所示。

步骤 02 选择视频轨道，点击“复制”按钮，复制每一段视频，如图 12-26 所示。

步骤 03 选择复制的第一段视频素材，点击“调节”按钮，适当调整各个色彩和影调参数，增强视频画面的色调效果，如图 12-27 所示。

▲ 图 12-25 导入多段视频素材

▲ 图 12-26 复制每一段视频

▲ 图 12-27 调整参数增强视频的色调效果

步骤 04 在第一段视频素材与复制的视频之间，❶ 添加一个“向右擦除”的基础转场效果；❷ 并将“转场时长”设置为最大，如图 12-28 所示。

步骤 05 ❶ 选择复制的第二段视频素材；❷ 点击“滤镜”按钮，如图 12-29 所示。

▲ 图 12-28 设置转场效果

▲ 图 12-29 点击“滤镜”按钮

步骤 06 进入“滤镜”界面，在“风景”选项卡中选择“橘光”滤镜，如图 12-30 所示。

步骤 07 ❶ 在后两段视频与复制的视频之间添加相同的转场效果；❷ 拖曳时间轴至相应位置；❸ 点击“特效”按钮，如图 12-31 所示。

▲ 图 12-30 选择“橘光”滤镜

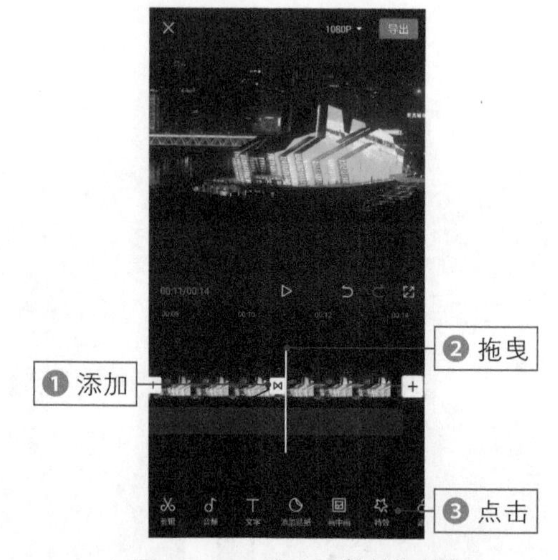

▲ 图 12-31 点击“特效”按钮

步骤 08 在“热门”选项卡中选择相应的特效类型，如图 12-32 所示。

步骤 09 返回主界面，点击“比例”按钮，选择 9：16 选项，如图 12-33 所示。

▲ 图 12-32　选择相应的特效类型

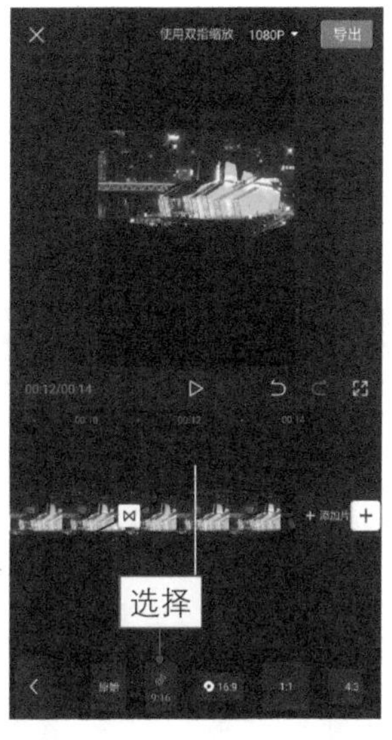

▲ 图 12-33　选择 9：16 选项

【效果欣赏】

为短视频添加合适的背景音乐，导出并预览成品效果，如图 12-34 所示。可以看到，添加“扫频”特效后，更能突出夜景中各种光源之间的色彩对比。

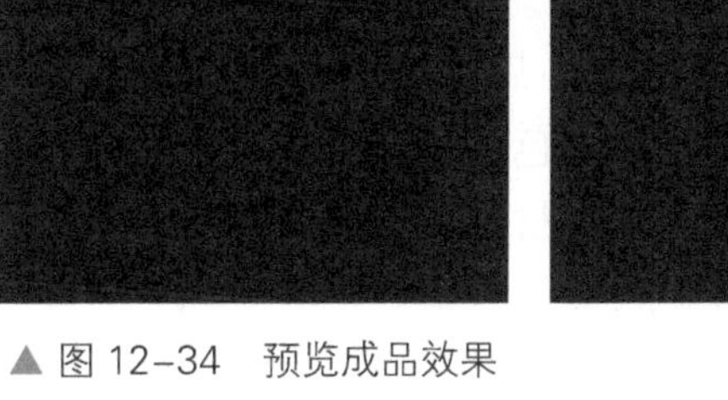

▲ 图 12-34　预览成品效果

实例 80 制作炫酷的卡点短视频

扫码看教程

扫码看效果

本例主要运用剪映 App 的“踩点”功能，根据音乐的鼓点节奏将多个视频和图片剪辑成一个卡点短视频，同时添加动感的转场动画特效，让观众一看就非常喜欢。

步骤 01 在剪映 App 中导入一个视频和多张照片素材，如图 12-35 所示。

▲ 图 12-35 导入视频和照片素材

步骤 02 点击“音频”按钮，添加一个卡点背景音乐，如图 12-36 所示。

步骤 03 点击“踩点”按钮，❶ 开启“自动踩点”功能；❷ 选择“踩节拍Ⅱ”选项，如图 12-37 所示。

步骤 04 执行操作后，❶ 即可在音乐上添加黄色的节拍点；❷ 调整照片素材的长度，使其与相应的节拍点对齐，如图 12-38 所示。

▲ 图 12-36 添加卡点背景音乐

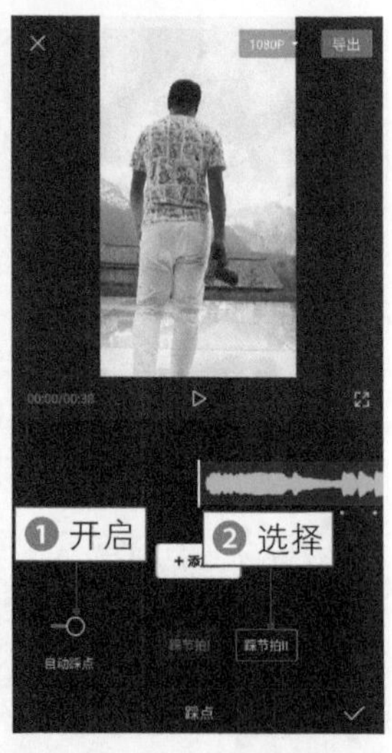

▲ 图 12-37 选择“踩节拍Ⅱ”选项

步骤 05 点击“动画”按钮进入其界面，点击“入场动画”按钮，如图 12-39 所示。

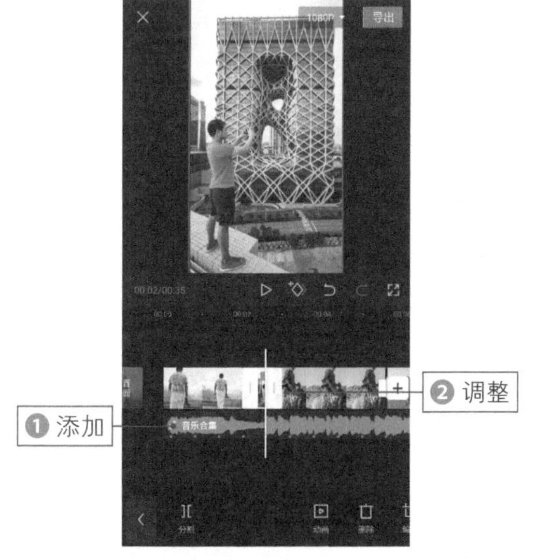

▲ 图 12-38 调整照片素材的长度

▲ 图 12-39 点击“入场动画”按钮

步骤 06 ❶ 选择“向右甩入”动画效果；采用同样的操作方法，❷ 将其他的照片素材与节拍点对齐；❸ 并添加相应的入场动画效果，如图 12-40 所示。

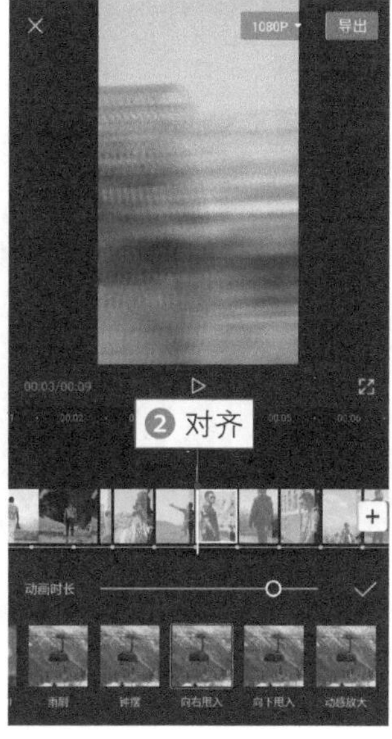

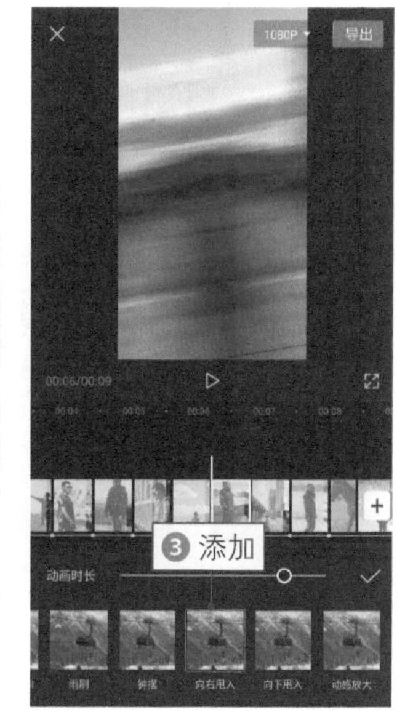

▲ 图 12-40 添加相应的入场动画效果

【效果欣赏】

导出短视频，预览成品效果，如图 12-41 所示。可以看到，视频中的照片素材会根据音乐节奏进行切换，画面效果非常炫酷。

▲ 图 12-41　预览成品效果